国家林业和草原局普通高等教育"十三五"规划教材

高等院校园林与风景园林专业系列教材

Architectural Design in Landscape: Independence Public Toilets

园林建筑设计：户外独立式公共厕所

张 哲 韩凝玉◎编著

中国林业出版社
China Forestry Publishing House

内容简介

本教材以风景园林专业视角审视户外独立式公共厕所设计的核心内容，并就其设计活动的内涵、目标、原则，以及设计方法进行编写。教材共5章内容：第1～2章，分别从独立式公共厕所的文化内涵和技术特征两方面进行梳理，以构建公共厕所文化与特征的理论认知体系。第3～4章，分别对独立式公共厕所的科学布局与厕位强度以及设计细则进行阐述，从选址原则、布局手法、厕位强度、交通组织、尺度要求、无障碍设计、标志标识以及现行规范考量等方面，构建公共厕所设计的思维逻辑和技术体系。第5章，选取12例国内外优秀案例进行详尽分析，以经典案例设计分析的微观模式，帮助学生在如何设计、怎样深化、规范表达等方面获取全面的认知和规范的学习。

本教材可以作为高等院校本科风景园林、校园林专业等学生使用，也可以供有关专业人员参考。

图书在版编目（CIP）数据

园林建筑设计：户外独立式公共厕所/张哲，韩凝玉著.—北京：中国林业出版社，2022.10

国家林业和草原局普通高等教育“十三五”规划教材　普通高等院校园林与风景园林专业系列教材

ISBN 978-7-5219-1817-5

Ⅰ.①园… Ⅱ.①张… ②韩… Ⅲ.①园林建筑—园林设计—高等学校—教材 ②公共厕所—建筑设计—高等学校—教材 Ⅳ.①TU986.4 ②TU998.9

中国版本图书馆CIP数据核字（2022）第149475号

中国林业出版社·教育分社

策划、责任编辑：康红梅　　**责任校对：**苏　梅

电话：83143551　　**传真：**83143516

出版发行　中国林业出版社(100009 北京市西城区刘海胡同7号)
E-mail：jiaocaipublic@163.com　电话：(010)83143500
http://www.forestry.gov.cn/lycb. html

经　销　新华书店

印　刷　北京中科印刷有限公司

版　次　2022年10月第1版

印　次　2022年10月第1次印刷

开　本　889mm×1194mm　1/16

印　张　8.25

字　数　234千字

定　价　52.00元

前 言

细微的感知，回归土地的转换场所

来自土地又归于土地，厕所是人与自然的某种转换场所。日本曾播放过一个关于土地的电视纪录片，分别挖掘施用人或动物粪便等有机肥的农地和施用无机化学肥的农地各 1m^3，比较两者的土壤。施有机肥的土壤一揉就成细粉末，有蚯蚓、昆虫等各种生物栖息；而使用无机化学肥的土壤硬得像水泥，没有生机。“土地死了就再也无法复活”的事实呈现眼前，土壤“死了”地球也就毁灭了。可见，有机肥可以缮治土地活力，而承载五谷转换自然场所的厕所，其提升土地活力的价值显露无疑。

现代生活赋予厕所多重身份。厕所不再只是解决生理需求的场所，还要满足功能全面、使用舒适、隐私性强、设计人性化等精神需求，给如厕者以一定的心理回应。这是一个从生理到心理的逾越过程，正是这个过程的存在，人们对现代公共厕所重新进行审视。

21 世纪从中国开启的“厕所革命”遍及全球，公共厕所承担着风景区、城市等地段提升服务品质、增进心理满足的关键作用，“小厕所大民生”获得了社会共识。

全面审视厕所后会发现，厕所已不再是一个只有在使用时才会想到的隐秘之所，它还能使人自然联想到舒适、健康、饮食、环境乃至生存，及其蕴含的除如厕之外的诸多可能性。公共厕所的设计研究，越来越值得设计师的关注。

园林建筑设计是风景园林、园林专业本（专）科教学的专业核心课程，在课程教学中独立式公共厕所设计的课程题目因其工程尺度、空间效果、建筑技术、厕位配比以及建筑与环境的关联考量，已成为课程设计最有效的训练课题之一。

本教材主要面向风景园林专业、园林专业本（专）科学生，以风景园林专业视角审视户外独立式公共厕所设计的认知、目标、原则和方法。全书分 5 章内容进行编排：

第 1~2 章内容，分别从独立式公共厕所的文化内涵和技术特征两方面进行梳理，以构建公共厕所理论认知体系。

第 3~4 章内容，分别对独立式公共厕所的科学布局与厕位强度以及设计细则进行阐述。从选址原则、布局手法、厕位强度、交通组织、尺度要求、无障碍设计、标志标识以及现行规范等方面，建立更有效的设计思维。

第 5 章为案例分析，选取国内外优秀案例 12 例进行详尽分析，以经典案例设计分析的微观模式，帮助学生在如何设计、怎样深化、规范表达方面获得全面而规范的训练。

最后的课程设计任务书，供学生学习和同类学校教学使用。

使用本教材须理解以下贯穿全书的重点元素：

①作为公共产品，独立式公共厕所是公共的方便之所。一些私人经营的厕所，虽然是一种必要的补充，但是它并非向所有人开放，不能算作真正的公共厕所。独立式公共厕所才是公共性的最佳保障。

②设计服从生理功能。厕所诞生之初即为解决生理之需求，发展迄今其基本功能仍是满足如厕的基本生理需求。所以设计服从生理（功能），是厕所设计的核心。

③设计服从全体需求。独立式公共厕所设计是面向如厕者、管理者、清洁者等的不同需求，而非只面向如厕者需求的设计。

本教材由张哲、韩凝玉编著。蔡文琪、王玉雯、刘慧民、郭钊岑、李卓琪、陈思、王玥参与了图表绘制工作，在此表示感谢。在编著过程中，我们参考了有关书籍和资料，向有关作者表示衷心的感谢。同时，也要向中国林业出版社致谢，特别是为本教材付出大量心血的责任编辑康红梅表达谢意！

虽然在编写过程中力求做到最好，但书中难免有不妥之处，敬请读者批评指正，以便后续修改完善。

张 哲

2022 年 7 月

目录

第1章

户外独立式公共厕所文化认知

东汉许慎《说文解字》中诠释“厕”字为：“厕，言人杂在上，非一也……言至秽之处宜常修治，使洁清也。”可见，厕所是人类解决生理需求的方便之所，却为人掩鼻屏息，转换此成见需从文化认知开始。

1.1　厕所的文化渊源：雪隐寻踪

雪隐，若隐若现，晶莹剔透，空明澄澈。雪隐留踪迹，禅意怏然。据传，雪窦山的明觉禅师曾在杭州灵隐寺打扫厕所，所以出家人把厕所叫作雪隐，这是迄今关于厕所的所有称谓中最唯美、最空灵、最淡雅、最清新，也是最富想象力的一个。厕所的文化溯源，无妨以雪隐寻踪开篇讨之。

1.1.1　东方厕所

1.1.1.1　中国厕所发展史

中国古代厕所总与某些历史事件交织在一起。豫让刺杀赵襄子是在厕所，吕雉将戚夫人做成人彘后投放的地方也是厕所，刘邦在鸿门宴上更是借口上厕所逃脱。晋国国君晋景公是有记载以来第一个死在厕所的君王，《左传·成公十年》中对其只有寥寥数笔：“将食，张，如厕，陷而卒。”……足见厕所在中国文化长河中可谓源远流长。

厕繁体字为“廁”，从广部则声。广像屋，从则当侧，可将厕所解读为“设于房子旁边的侧屋”。追溯中国厕所起源，至今发现最早的厕所遗址，为陕西省西安市半坡村一个氏族部落的遗址，距今已有5000年历史。同时，在距今3000多年前的北京房山区董家林村燕国国都遗址上也发现厕所的遗迹。此外，在河南省商丘市芒杨山汉墓中还发现了一间世界上最早的水冲坐式厕所（图1-1）。

据考古发掘和资料记载，中国在周代就已有公共厕所，据《周礼·天宫·宫人》记载：“宫人，掌王六寝之修，为其井匽，除其不蠲，去其恶臭。”郑玄注解说：“匽，路厕也。”这里的“匽”即厕所，是简单的掘坑为厕之意。厕所有专门负责打理的工作人员“宫人”。尚秉和先生认为，这就“可证古时路上皆有官厕，与今正同”。“路厕”即“官厕”，即官方在大路边修建的厕所，等同于现在的公共厕所。据《周礼·天官》记载，周朝王宫已有比较先进的水冲厕所，厕所有漏井和水道，不仅可清污，还可去除异味。

西周以后厕所使用比较普遍，春秋战国时期，厕所建设与使用较为规范。《墨子·旗帜》有记载可鉴：“于道之外为屏，三十步而为之圜，高丈。为民溷，垣高十二尺以上。”应是我国关于建造厕

图1-1　河南省商丘市芒杨山汉墓中的水冲坐式厕所

所最早的记载。《庄子·庚桑楚》："观室者周于寝庙，又适其偃焉。"晋朝郭象注释说："偃谓屏厕。"偃就是屏障，是厕所。东晋时的译著《摩诃僧祇律·威仪法》中"(厕)屋中应安隔，使两不相见"便是例证。"屏""偃"组合"屏偃"也是厕所的称谓。

《晋书·王敦传》云："石祟以奢豪矜物，厕上常有十余婢侍列，皆有容色，置甲煎粉、沉香汁，有如厕者，皆易新衣而出。客多羞脱衣，……"依此史料中记载的石祟家如厕奢靡之态，可知西晋时期富贵阶层对厕所的重视程度。

汉代的厕所称"都厕"，并配有专门的清洁人员，足见当时对于卫生设施的重视。汉代皇帝使用的便器(夜壶)称为"虎子"。《齐职仪》记载："汉侍中掌乘舆服物，下至亵器虎子之属。"《释名》《说文解字》中对厕所均有详细解释：《释名·释宫室》："厕，或曰圊，至秽之处宜常修治，使洁清也。"《说文解字》："圂，厕也。""厕，清也。"《广释·释宫》："圂，厕也。"《急就篇》(颜注《急就章》)卷三："屏厕清溷粪土壤"，颜师古注："屏，僻晏之名也。"可知屏厕清溷皆指厕所。通过"溷""圂""厕""屏"的互训，可知当时的厕所与猪圈结合在一起，且十分普遍，这种情况已在发掘的考古文物中获得证明。各地汉代遗址出土的猪圈模型的重要特点之一，就是与厕所连在一起。这种厕所在上猪圈在下，方便农家积肥的厕圈结合的方式，自汉代开始作为了标准而普遍的民间厕所式样(图1-2)。直到近代，早年间中国台湾农家的厕所便是此种与猪圈连在一起的溷形式，至今，中国一些偏远的农村地区仍然在使用这种连厕圈形式的厕所。

公共厕所发展到唐代就更多见了。唐代因避李渊祖父李虎的名讳而改"虎子"为"马子"，后来演变为近代的"马桶"。由于唐代城市建设为里坊制，所以厕所都建在里坊内并有专司厕所的官员。《太平广记》记载："长安富民罗会以剔粪自业，里中识之鸡肆，言若归之积粪而有所得也。"可见，唐代已有专司"剔粪"的职业分工，且能发家致富做成长安城的掏粪状元。2012年10月，西安城南一座唐代中型墓葬中出土一件唐代厕所的唐三彩(图1-3)。该唐朝厕所造型与今日农村所用旱厕相似，用围墙围成方形并留一门，墙内有一蹲坑，坑前面置一长条瓦片，以免污物排到坑外。正对蹲坑的墙面半高处开有方形孔洞，使如厕之人能看到外面情况，以免他人误入，设计颇为精巧。

宋代街巷制代替里坊制，街巷上的公共厕所逐渐增多且多为私人管理(对农业社会而言"粪便"的利润是极其可观的)。由于宋代的公共厕所建设管理有方，宋代城市有"花光满路"之美誉。宋《梦粱录》(卷13《诸色杂货》)记载："街巷小民之家，多无坑厕，只有马桶，每日自有出粪人瀽去，谓之'倾脚头'，各有主顾，不敢侵夺……"倾脚头把各家粪便收集在一起，出售给栽种瓜果的农民。此时公共厕所已成行业，有专人管理、收集、运输。南宋陈骙《南宋馆阁录》(上卷)记载："国史日历所在道山堂之东，北一间为

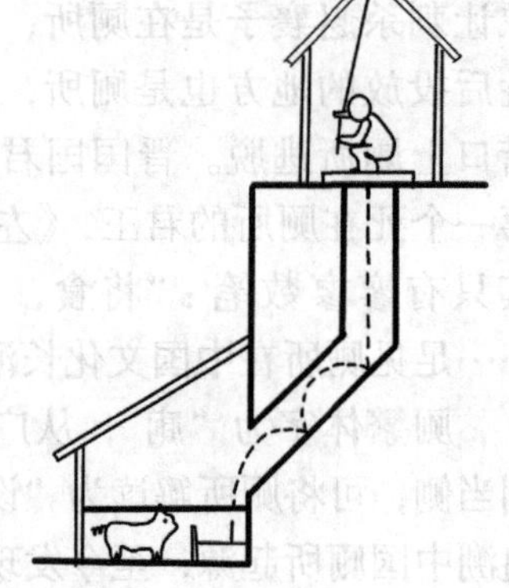

图1-2　中国传统猪厕形式与猪厕结构图

图1-3　西安城南出土唐三彩陶厕

澡圊、过道。内设澡室并手巾、水盆，后为圊。仪鸾司掌洒扫，厕板不得污秽，净纸不得狼藉，水盆不得停滓，手巾不得积垢，平地不得湿烂。”澡圊就是洗澡和上厕所的地方，注文中可看出，南宋官员的卫生间配备了净纸、水盆、手巾，并各有管理要求，足见当时公共卫生管理较为细致，卫生设施已经十分发达。此外，中国古人讲究男女有别、尊卑有序。北宋司马光就曾在《居家杂仪》中明确说过：“凡为宫室，必辨内外。深宫固门。内外不共井，不共浴堂，不共厕。”

中国农业重视精耕细作与集约式经营，很早便施用肥料。元代以前，中国农业施肥以畜肥和堆肥为主，元代开始重视施用人粪肥。元代《农书》认为：大粪的肥力甚大，南方治田之家常于田头建砖池，置大粪于其中腐熟而用之，施用其肥的田地收获甚佳。施用人粪肥最初流行于南方，以后推广到北方。便有了家喻户晓的“惜粪如惜金”“粪田胜买田”等谚语。城乡之间、街道之上，人们扫拾粪便使无遗漏。各地建厕所方便收集人粪，公共厕所的管理及粪便的收集与出售，皆由称为粪厂的商铺经营。私厕的管理及粪便的收集和出售，则由称为粪夫的从业人员负责。粪夫成行，并有严格的行规，清代北京的粪夫便合建了被称为“肥业公所”的粪业行会。规定粪夫收取粪便各有道路，不得侵越，若转让职业须履行规定的手续。拥有粪厂、粪道者则成为了粪商、粪阀，且世代相承，足见肥业之“肥”。

清朝的《历代社会风俗事物考》中载：“今山西各处之厕，皆下掘坎深约六七尺，广如之，而横两板于坎上，履之以溲溺……下望黝然，深可没顶，疑晋时遗制。”从晋景公到清朝，历经 2000 余年，民间的厕所还是掘坑为厕的老样子，直至当代一些地区仍在使用这种坑厕。

清代《燕京杂记》中有记载“京师四藩入者必酬一钱”，这是中国历史上可考的最早的公共厕所收费记录。外国使者洪大容于清乾隆三十年进京，其《湛轩燕记》中有一篇《京城纪略》，对北京街头收费公共厕所有如此描述：“道旁处处为净厕，……要出恭者，必施铜钱一文，主其厕者既收铜钱之用，又有粪田之利，……”有以拾粪为生的拾粪人，又有收费的公共厕所，城市卫生环境理应较为洁净，街上不会出现粪尿横流的现象。当年马可·波罗（Marco Polo）游历到中国时，就曾对中国的卫生设施叹为观止。

此外，中国古代军旅厕所更是纪律严明，公共卫生设施一丝不苟。如前所述，《墨子·旗帜》中的城头厕所，规定守护城池的军民必须在自己驻地建公共厕所，城头大概五十步左右建一处厕所，厕所周围用不低于八尺*的矮墙围起来，以遮挡视线和保护隐私。城下与城墙上对应都是五十步建一处厕所，两厕所之间有管道相通，厕所的清洁由专人负责。唐代《李卫公兵法》中详细介绍了唐代军队扎营的过程，对军营卫生十分重视，专门提到了“诸兵士每下营讫，先会两队共掘一厕”的要求。明代抗倭英雄戚继光在他留下的《练兵实纪》中不仅有如何排兵布阵克敌制胜的论述，也有吃喝拉撒的规则。对部队使用厕所有明文规定：“凡白日登厕员役，由各营门将腰牌悬挂于门上，方准开门而出，毕即还应腰牌，取带回营。”每到一处新的宿营地，要求：“每马军一旗（戚家军的骑兵编制之一，每旗辖 3~5 个队，每队 11 人），每车兵二车（24 人为一车），各开厕坑一个于本地方，遇夜即于厕中大小解。天明吹打时，遇起行，则埋之。遇久住，则打扫，候开门送出营外远远弃之。夜间不许容一人出营解手。”对每一种情况的厕所数量、管理都有详尽的规定。

* 1 尺 ≈ 33cm。

1.1.1.2 日本厕所发展史

人最初与动物一样，在山野中随处排便，排泄物或消融或风化，任由大自然的净化能力和时间去处理。随着人类聚居生活的开始，粪便也堆积如山，单纯依靠自然力净化粪便是不现实的，需要人为介入粪便的净化过程，实现净化目标。

日本从弥生时代（约公元前3世纪~公元3世纪）开始聚居形成部落，排泄物数量随之增加，非自然力可以处理。为了避免恶臭，让水冲走是最好方法。于是产生了“厕”，随之发展起来的厕所便是建在河川上的“小屋”，即让排泄物随河水流走的川屋。这样的原理等同于露天冲水马桶，“婆罗洲川屋”在当地至今仍有使用。粪便随河水流走，落在河海中的粪便恰好成为鱼儿的美食。可以说是活用大自然的“冲水式厕所”，这与5000年前日本绳文时代相同（图1-4）。

当人类生活由狩猎、渔捞进入农耕时代以后，人们逐渐意识到粪便所具有的肥料效力，开始设置粪池并将粪便储存在家，搭建屋顶避免肥料遭雨淋日晒，这就是后来厕所的原型。在平安时代（794—1187年）的京都，受中国文化影响的上流社会人士使用一种室内便器“樋殿”，庶民家里是没有此类排泄用的小屋或便器的，只能随地大小便。镰仓时代（1185—1333年）市街上开始建有厕所，最初出现在人们聚集的寺庙建筑里，后来民宅也设置了厕所。日本天保年间（1830—1844年）深川地区的市街大杂院的厕所，门只有一半，下半身隐而不见，上面为透空。因此，即使关上门，外面的人也可以知道是否有人如厕（图1-5）。关东和关西相比，上方（关东地方的

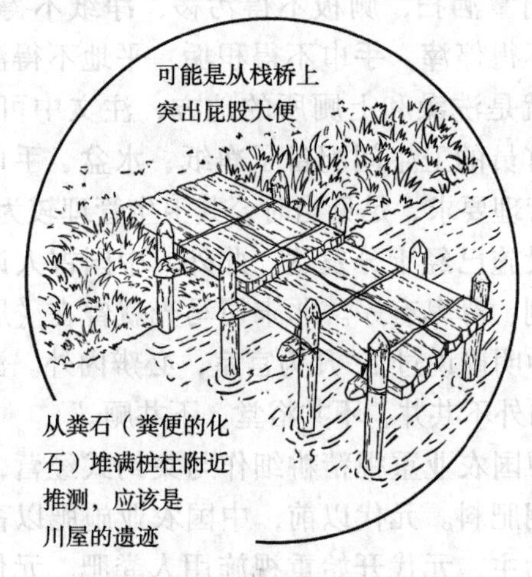

图1-4 鸟滨贝冢绳文时代的川屋

图1-5 东京下町的厕所

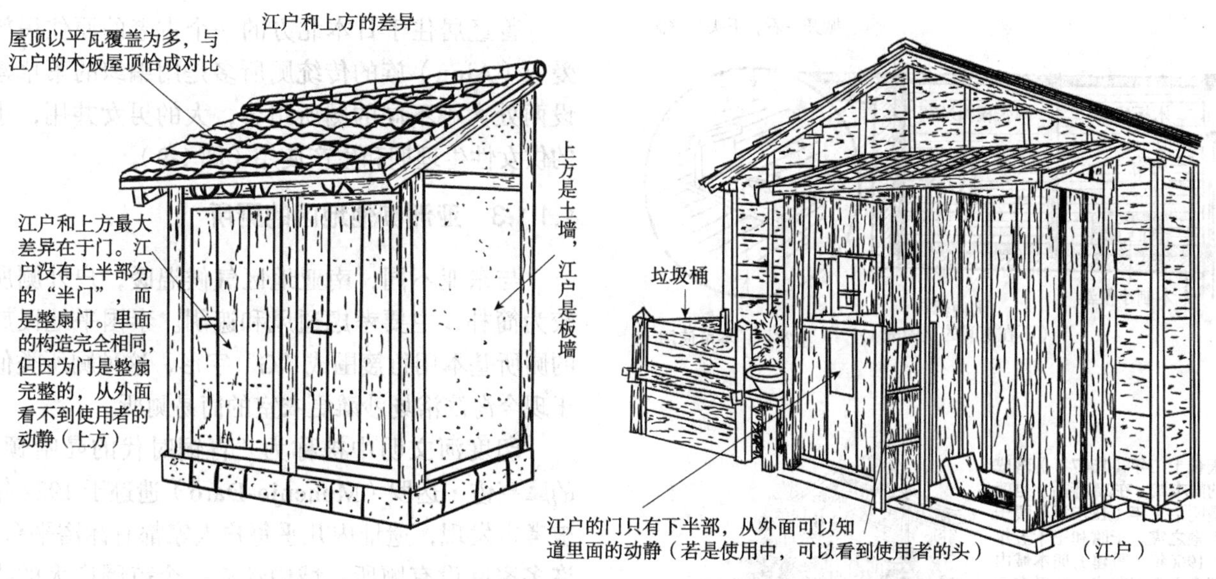

图1-6　江户的大杂院厕所

人称京都、大阪为中心的近畿地区为上方）的公共厕所，出入口木板门为整扇门，可完全关闭，从外面看不到里面上厕所者的头部。江户的厕所是木板墙、木板顶，上方的则是土墙、瓦顶（图 1-6）。两者的共同点是：储存的粪尿对农民而言是宝贵的肥料，当地农民来汲取，通常以蔬菜和粮食进行交换。

从江户直到昭和时代（1926—1989 年），粪尿一直被视为有价之物而供人汲取。1877 年，从美国来到日本的莫斯（Edward Sylvester Morse）对厕所有详细的记录。当他看到日本人将大陶罐埋在地下当粪池，隔几天有专人来汲取粪便运到田地，这在当年对美国人而言是不可思议的，因为美国人从不用人粪作肥料。于是莫斯使用素描方式记录了日本厕所的尺寸、形态，并盛赞其美与清扫的整洁程度（图 1-7）。

图1-7　莫斯所见日本日光附近的厕所

日本熊本城的“空中厕所”，利用城楼凹陷处设置厕所，将不利之地变成了有益之处。城楼最难防御的部分就是凹陷的部位，因为与向外突出的墙角相比，不但容易攀爬而且防护死角多，于是利用这部分改成厕所，不仅可防止敌人攀登增进安全性，也为城楼士兵提供了方便之所（图 1-8）。有趣的是在城壁上搭盖向外突出的厕所，与欧洲中世纪城堡的处置方式几乎一模一样。

图1-8 日本熊本城的空中厕所及内部

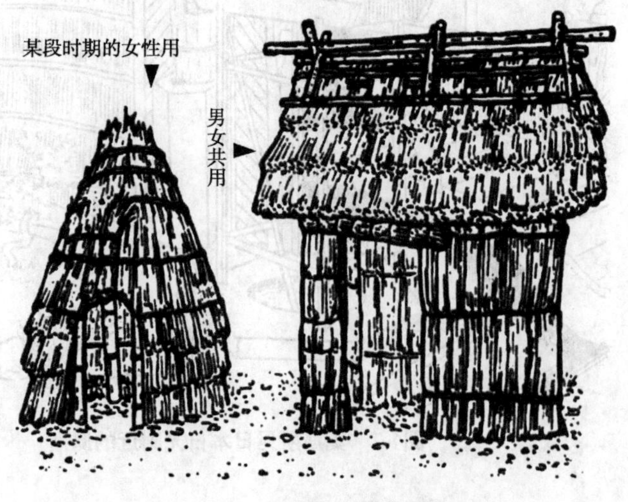

图1-9 日本爱奴族的厕所

曾经居住于日本北方的一个古老的原住民族爱奴（Ainu）族的传统厕所多是用编织的苇草建设两处大小不同的厕所组合，大的男女共用，小的供女性生理期和生产使用（图 1-9）。

1.1.1.3 亚洲其他地区的厕所

与东亚不同，南亚地区气候温暖，户外厕所较为简朴，主要考虑通风和遮阴。泰国平地民族的厕所基本用竹篾围成“G”字形，这种厕所类似于现今海滨浴场沙滩更衣室的简易厕所。

印度河文明中被称为“青铜时代的曼哈顿”的摩亨佐·达罗（Mohenjo-Daro）遗迹于 1922 年被考古发现，遗址内几乎每户人家都有沐浴平台，许多家庭设有厕所。城中还有一个范围广大的排水系统将多余的水带走，很多人家排水相连埋入地下的街道排水管，如厕、洗浴后的污水可直接排入相互连通的管道之中。同时为了阻隔污水散发的刺鼻气味，哈拉帕人将街道排水沟掩盖起来。印度喀拉拉州的地主之家二楼的厕所只是小便专用厕所，如果大便就去外面的小屋，如此讲究的如厕方式多是富人家使用的厕所（图 1-10）。

在坦桑尼亚的海岸地带住着不少印度人，厕所也是典型印度式的。在河里较浅的地方散置踏脚石，彼此距离差不多一步宽，踩着一步步前进，最后有两块石头是并排的，就蹲在那里如厕。

韩国高丽时代多用“厕”字，对粪尿的态度、汲取方式均与中国相似。金光彦曾在《东亚的厕所》中推测，韩国积极主张在内宅和外宅分别建造厕所，是从 18 世纪以后开始的。农家多用罐子和坛子收集小便，厕所多是在地下挖个大洞，上面搭两块板子，四周围以土墙、板门，上盖屋顶。这种式样的厕所在中国、日本、韩国以往的农村随处可见。直到 20 世纪 80 年代，韩国厕所还处于较低的水平。2002 年韩日世界杯推动了韩国改变厕所的革命，为此，国会全票通过了“厕所法”，从而成为世界上唯一拥有厕所法律的国家。有“厕所市长”美誉的沈载德先生借此契机创立了韩国厕所协会，大力开展洁厕运动，将厕所改造运动推向全国，他为自己修建的“马桶楼”更

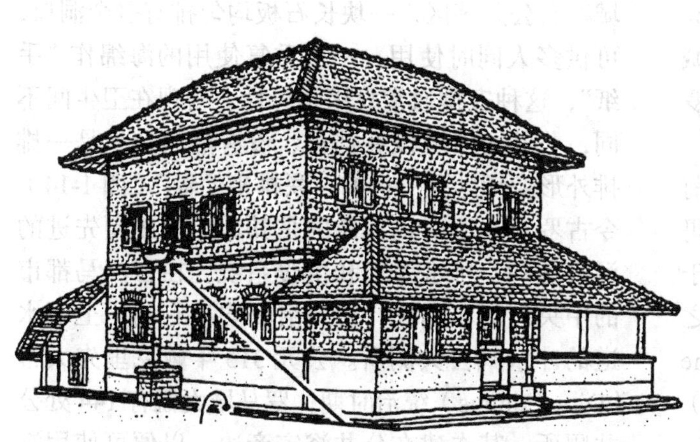

印度喀拉拉州的地主之家

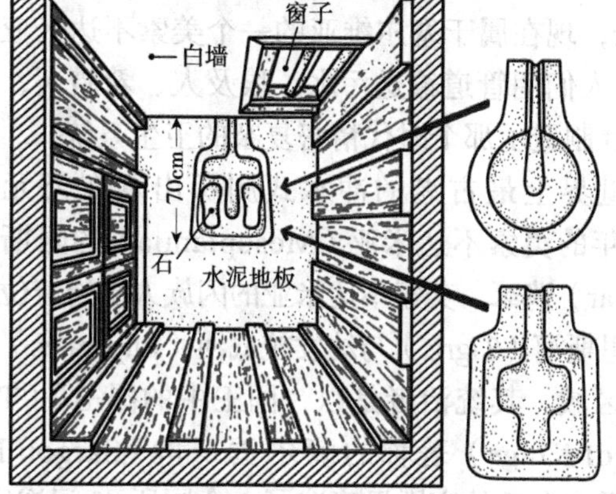

一栋房子里三间的踏脚石都不同形状，各自的厕所一见就分晓

图1-10 印度喀拉拉州的地主之家及内部示意图

图1-11 韩国沈载德先生自宅

是独树一帜（图 1-11）。

1.1.2 西方厕所

公元前 14 世纪，一些比较古老的城市，如埃及、土耳其等国的主要城市，就出现了公共厕所的踪迹，多数由石板构筑而成。座圈被设计成一个带有类似锁孔状孔洞的石板，且仅限男性使用（图 1-12）。

公元前3300年，在哈布巴卡柏（Habuba Kabir，现在属于塞尔维亚的一个美索不达米亚城市），人们用管道输送污水。埃及人、希腊人、罗马人都制造了那个时代精密复杂的卫生系统。

世界上最古老的冲水式厕所出现在公元前2200年的美索不达米亚（Mesoptamia）的阿斯玛（Asmar）遗冢。美索不达米亚的闪族人统治着位于底格里斯河（Tigris）与幼发拉底河（Euphrates）之间的区域。其统治者是以“国王中的国王”（The King of Kings）著称的萨尔贡一世（Sargon I）。萨尔贡在自己的宫殿里建造了6个厕所、5间浴室，废水和排泄物都排入下水道处理，从而树立了清洁的典范。他的厕所在粪坑上提供了座位，这相对土制便壶来说无疑是一大进步（图1-13）。早期的便桶座圈状似一个巨大的马蹄，非常切合人的臀部。

真实的像马桶一样的厕所，出现在公元前1350年左右的埃及城市泰尔·阿玛尔纳（Tell El-Amarma，又名阿尔玛纳圆丘，位于尼罗河东岸，距今开罗312km处，该城的古埃及语是埃赫塔吞Akhetaton），是石灰岩制成的。那个时代的马桶据推测可能是木制的，所以“要用触感舒服的木头做马桶座才好”的想法在远古时代就有。

约公元前500年前，古罗马帝国拥有了令人叹服的冲洗式马桶。庞贝城住宅模型可以看出其系统设计的完善与便利。庞贝和赫库兰尼两座古城都有公共茅区，一块长石板均匀排有多个洞口，可供多人同时使用。一块重复使用的海绵作“手纸”，这种安排通常只用于男性。与现在卫生间不同，公共厕所里没有挡板、没有隔间，只是一排排外形像钥匙孔一样的“联排坐便器”（图1-14）。令古罗马文明引以为傲的是其城市和庄园先进的污水处理、排水处理和供暖系统，在古罗马都市的中央广场、剧场、公共浴场均设有利用上下水道的冲水式公共厕所。公元315年戴克里先大帝（Diocletianus）统治时期，罗马城大概有144处公共厕所，基本建在公共浴室旁边，以便可使用浴室的脏水进行厕所冲洗。进入公共厕所，首先映入眼帘的是装饰考究的宽阔大厅，大厅多设有壁龛和雕像。

随着日耳曼人入侵欧洲，公元476年古罗马帝国灭亡，厕所在欧洲逐渐消失，人们毫无顾忌地把自家粪尿从窗户直接倾倒在昔日辉煌的街道上。日耳曼人过着一边畜牧一边迁移的游牧生活，不需要建造功能性厕所，大地就是他们的厕所。民族大迁徙结束后，欧洲进入了基督教秩序统治的有黑暗时代之称的中世纪，厕所文化停滞不前，卫生史上称为“不洁时代”。

中世纪的欧洲，禁欲的宗教观广为传播。“神在创造人的时候，把食物的入口与出口隔开，在住家中堂而皇之地设置排泄用地是不被允许的”人们只能用便盆，将之藏在床底下或者橱柜的

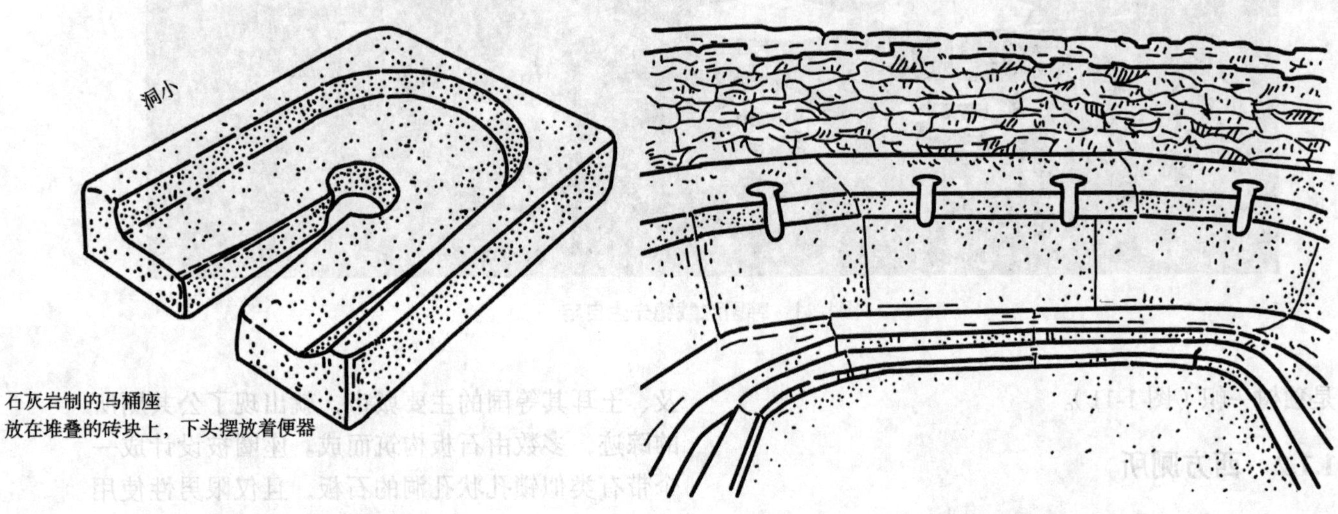

图1-12　埃及马桶座

图1-13　土耳其早期公共厕所

图1-14　古罗马公共厕所复想图

角落里。厕所或是简单地建于户外的一个土坑上，或是成为置于房间一隅的便盆。厕所的观念甚为淡薄，人们打开窗户直接把粪便倾倒在街上，当然，还有许多中世纪住宅上面一层的地板悬空出挑，是为了保护路人免于被下落的污物弄脏。伦敦的厕所主要建在河上，例如，有一处可供 84 人方便的茅坑坐落在格林威治大街上，被称为 Whittington's Longhouse（图 1-15）。与亚洲人不同，欧洲人用鸟粪作肥料，直到 18 世纪后半叶，才在多户住宅中出现了"储存粪便的厕所"。

欧洲古建筑中有许多厕所设置在阁楼附近，由于之后已经开始规定不允许由窗户向外倾倒粪便，因此有了冲水马桶后，厕所基本就改在诸如浴室等有水的地方了。英国伊丽莎白女王的教子约翰·哈林顿爵士（Sir John Harington KCB）在 1596 年研制出活塞式马桶，设计中包括蓄水池、储水箱和启动冲水系统的把手。这种称作"AJAX"的发明被安装在伊丽莎白女王里士满的宫殿里（图 1-16）。至此，具有现代化特征的卫生间改革正式拉开序幕。卫生间就这样从茅坑演变到冲水马桶。但是，由于当时这种设计缺少适当的排水系统，使得这项发明并未立即得到商业化生产。1775 年，英国人亚历山大·卡明斯（Alexnader Cummings）改进了哈林顿马桶的储水器，使其能够在每次用完后自动灌满。3 年之后有

图1-15　粪便直接倾倒于街上，但各种形状的夜壶，美得超出了便器的领域

图1-16　伊丽莎白女王活塞式马桶

人又把储水器改设在马桶上方，并安装了一个把手用来控制储水器的球形阀门。公元1793年，巴黎首先将男厕与女厕分离开来，结束了以往男女必须同厕的尴尬历史。18世纪初法国巴黎凡尔赛宫的厕所是技术最先进的冲洗式马桶，宫殿内有20间左右设置了大理石马桶的冲洗式厕所。由英国人发明的却在法国王宫大面积使用的冲水马桶，历经两百多年才惠及普通大众。马桶采用漂亮的开洞座椅形式，以折叠起来的书本形状加以掩饰，即使有人在场也免于尴尬。1848年，英国议会通过了“公共卫生法令”规定：凡新建房屋、住宅，必须辟有厕所、安装冲水马桶和存放垃圾的地方。这就为冲水马桶的技术发展提供了条件，之后又有多位发明家先后对冲水马桶进行了改进。基于此，1852年8月14日世界第一座冲水马桶式厕所在英国诞生，标志着人类厕所文明进入新的时代。（图1-17）。

在非洲马里街头问厕所在哪里，路人会指向一处用矮泥墙围起来的厕所。这个厕所泥墙高度不足1m，一蹲下脸就会露出来。可以看到街上的行人，但是谁也不会往这里面张望，这种回旋状露天公共厕所是其自然地理位置形成的一种必然产物（图1-18）。

19世纪末靠经营铁路和金融业致富的美国铁路大王古尔德（Jay Gould，1836—1892年）在他的豪邸里未设置厕所，厕所建在另外一幢房子里，与豪宅天壤之别。厕所里面有木板钉成的L形木箱，上面挖了5个洞，大洞2个、小洞3个。大洞大人用，小洞孩子用。饭后全家人一起来木屋如厕（图1-19）。

水冲式水管在英国被采纳，还有其他一些可供选择的方式，建立在无水系统上，用沙子、土灰等材料建造。例如，Dorchester的Henny Moule 1859年申请了土厕所的专利，这种厕所在3天后就能吸收、分解人类排泄物。这种土厕所在澳大

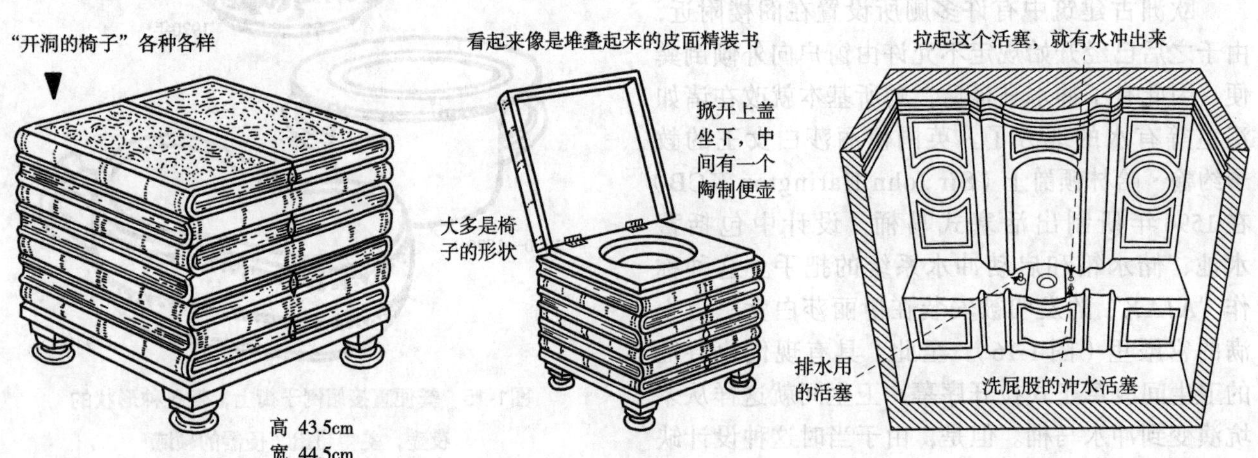

图1-17　18世纪法国凡尔赛宫厕所中开洞座椅马桶

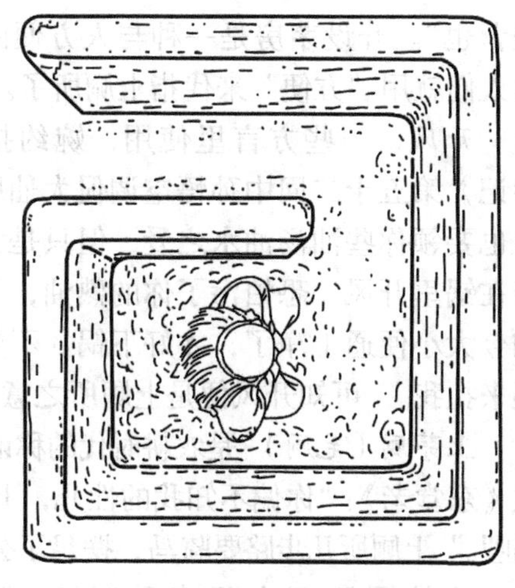

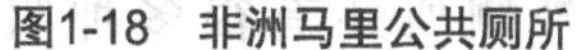

图1-18　非洲马里公共厕所

图1-19　美国铁路大王的厕所

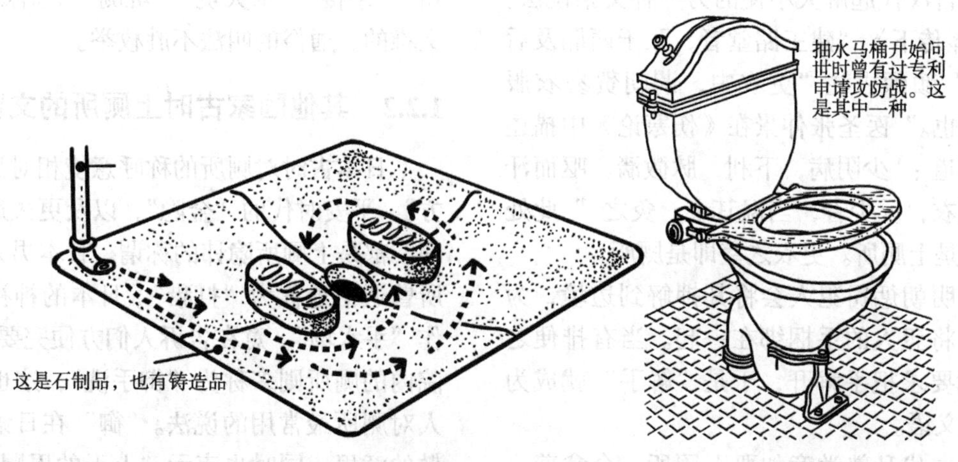

图1-20　土耳其式厕所

图1-21　水箱合体式马桶

利亚偏僻的野餐营地常出现。1889 年，英国水管工人托马斯 • 克拉普（Thomas Crapper）改进了储水箱和浮球等部件，自此使用方便、结构简单的冲水马桶基本确定下来。

东、西方人们都用便池和夜壶积存粪便，不同之处在于对粪便的珍视程度。西方农民很少用粪便作肥料。东方农民则将城镇各处收集的粪便视为重要的肥料，有专门的行业收管。可见，东方人更为务实，让自然产物回归自然之中。冲水马桶虽然带来了个人卫生，但由于当时是将管道内的排泄物直接排到河流里，导致了严重的污染，造成了欧洲霍乱的大流行。直到 19 世纪后期，欧洲的各大城市下水道被普遍接通后，这一发明才渐渐进入千家万户，冲水马桶才在欧洲广泛使用。

有了冲水马桶后，到底是采取何种公共厕所形式曾在法国引起过争论，蹲式（土耳其式）的（图 1-20），还是坐式（英国式）的（图 1-21）？最终英国式马桶取胜，可以说，冲水马桶的出现成就了如今全球统一的厕所模式，全球各地现代化厕所的卫生条件、如厕方式几乎没有太大差别。小小的冲水式马桶，改变了整个世界的厕所。

1.2　厕所讳称、别名与文化

吃、喝、拉、撒、睡五大日常生活中，厕所便占了两项，可是对这件日常生活最为普遍的事情，古今中外，人们却一直用各种各样委婉而文雅的托辞去回避。

1.2.1 中国古时对上厕所的文雅托辞

登东　东司是唐代设于东都洛阳的衙署总称，也是厕所的称谓。当时在民间中掌管厕所的神叫作登司，建房子因风水说多把厕所建在屋宇东侧。因而，东司成了厕所的婉称。有时也称为“东厮”“东厕”“东净”，上厕所便称为“登东”。

如厕　起自秦汉时期，是上厕所的一种简洁而文雅的说法。司马迁在描写鸿门宴时写道：“坐须臾，沛公起如厕”。如，取自“凡有所往曰如”，如厕就是上厕所。

更衣　自汉代起解大小便的另一种文雅说法。《汉书 · 王莽传下》：“建王路堂者，张于西厢及后隔更衣中。”颜师古注“更衣中，谓朝贺易衣服处，室屋名也。”医圣张仲景在《伤寒论》中描述少阴病时写道：“少阴病，下利，脉微濇，呕而汗出，必数更衣，反少者，当温其上，灸之。”此处的更衣指的是上厕所。更衣之室即是厕所。

解手　明朝惩罚犯人会将其押解到边境，为防止逃跑，将犯人的手捆绑在一起。当有排便之需，犯人就要求把手解开，于是“解手”就成为大小便的同义语。

出恭　古代私塾学童如要上厕所，会拿着一面写着“出恭”，一面写着“入敬”的牌子，是要求去来皆要恭敬之意。明朝科举考试，考场纪律严明，考场设立“出恭”“入敬”牌，士子如厕须先领牌，故称出恭。《警世通言》中有写：“行至陈留地方，偶然去坑厕出恭。”

净手　是大小便的雅称。《水浒传》第二回写驸马爷王晋卿宴请端王爷，喝几杯酒后，“酒进数杯，食供两套，那端王起身净手。偶来书院里少歇，猛见……”这也许是目前最广泛的讳称上厕所为净手的源头。

方便　本意是给人方便，明代公共厕所有类似设施。《日下新讴》言当时开设茅房者，“大街无地可遗，于是有开设茅房者，预面立一方牌，标曰‘洁净茅房’，其铺内一室则环列小坑，以板界隔，人各一坑。与钱一文，给纸两片，诚方便经营也”。开设茅房是一种与人方便的商业获得，后人们就用“方便”来代指上厕所了。

开风　一些方言里使用，婉约指排泄。《西游记》第五十二回中孙悟空调侃大仙所说：“我才自也要领你些油汤油水之爱，但只是大小便急了，若在锅里开风，恐怕污了你的熟油，不好调菜吃，如今大小便通干净了，才好下锅。不要扎我师父，还来扎我。”可知开风便是上厕所之意。

上茅厕（毛厕）　是农耕时代的称谓。元代秦简夫《东堂老》：“你偏不知我的性儿，上茅房去也骑马哩。”上厕所几步路要骑马，摆足了公子哥做派。

此外厕所还有很多种叫法，“茅房”“茅司”“茅楼”“水火坑”“坑厕”“雪隐”“便所”等文雅的、通俗的叫法不胜枚举。

1.2.2 其他国家古时上厕所的文雅托辞

日本古时对厕所的称呼意境相对深远，如“远方”，平安时代的“金隐”，以及更久远的“哈叭咖哩”都是上厕所隐讳的称谓。日本男人在野外上厕所曾通俗地称为“打猎”；日本的神社，把厕所叫作“手水场”，意在告诉人们方便完要“净手”。寺院内的厕所则多称为“御手洗”，这也是以往日本人对厕所最常用的说法。“御”在日语中有表示尊敬的意思，同时也表示“上天的恩赐”。如今在日本，“惮”（habakari）或者“厕”（kawaya）（建在河川上的小屋）等说法也消失，以往最为普遍的“便所”叫法也不常见。今天日本的一些小街巷、神社中还会看到这些（图 1-22）。

欧洲人们需要方便时往往用委婉的说法。维多利亚时期，人们羞于直接提及此事而有了诗意盎然的婉约之词。“去摘一朵玫瑰花”“亚瑟王的借口”……1530—1750 年，雅克（Jake）一直指的就是简易的厕所，之后被杰克（Jack）取代。而约翰（John）首次作为厕所的代名词出现在 20 世纪初。在伦敦水晶宫举办的第一届世界博览会期间，乔治 · 杰宁斯（George Jennings）向公众有偿展示了他的改良厕所，使用这个设施每个人需要花一便士。从此，“去花一便士”就成为人们大小便的普遍托辞。

图1-22 日本松户神社的“宫前公众便所”

总之，世界各地对上厕所都有自己的隐讳，而今随着全球化，上厕所也逐渐有了统一的称谓。W.C. 作为厕所的代名词，有 200 年左右的历史。其最初是 Water Closet 的缩写，指的是有水的可以进行私人活动的小房间，即水冲式厕所。如今的厕所在全球最广泛的叫法是化妆室（日本）、洗手间、Restroom（美国）、卫生间、Toilet 等，基本内涵是有进出水装置，可以大小便的梳洗化妆的地方。伴随而来的统一的卫生标准也正在全球推广，现代公共厕所不再只是一个传统意义上的如厕之所，它承载了更多的人类活动，已然成为一个更具有公共意义的场所。世界上形形色色的厕所，折射了不同的观念和文化，形成了不同的厕所文化。

1.2.3 厕所文化

不同厕所折射不同文化。多元化的厕所，不仅体现着丰富的文化，更与不同的人群、科技、环境等方面密切相关。

在巴黎，早在 1980 年便由 Claude Decaux 公司研发并制造出各种街头自动化公共设备——APC（Automatic Public Toilet）。2001 年，一个与公共汽车候车亭组合在一起的厕所在伦敦诺丁山建成，设计师是著名建筑师诺曼·福斯特（Norman Foster）。而今，干净“无触式”厕所系统十分普遍。这种厕所在使用时，卫生洁具会自动打开，每次使用后会自动换上新的卫生纸垫，该使用方式极大地保障了如厕安全。

日本从小学就开始在学校进行扫除教育，并培养学生良好的卫生习惯（图 1-23）。1985 年，日本成立了世界上第一个厕所协会——日本公共厕所协会。同时极力推广“厕所文化”，许多城市都有厕所协会，大学中也设有厕所学专业，不少人攻读“厕所学博士”。日本李家正文博士连续著有《厕考》《厕风土纪》《西洋与中国厕所文化考》，西冈秀雄著有《卫生纸文化考》等。日本知名汽车配件企业的创始人键山秀三郎十年如一日地清扫自己公司的厕所，从而形成带动员工们参加厕所扫除的“社风”。

还有各种服务于特殊人群的厕所。例如，1974 年日本建设国技馆时，为相扑力士设计了专

图1-23 日本人从小就认为清洗厕所是生活中必要的工作

用的马桶（图 1-24）；日本监狱里的厕所，掀起椅背可变成马桶，打开桌面变成洗脸台的设计非常节省空间（图 1-25）；宇宙飞船上的厕所是坐式马桶，身体在排便过程中先固定住，以真空吸取方式来处理排泄物，粪便真空干燥后带回地球；还有南极工作站的小便池，位于南极点的 350m 处，可说是世界上最冷、纬度最高的一个厕所。

正如曾任世界厕所协会主席的沈载德先生所说，厕所不仅是方便的地方，也是一个“幸福的空间”“具有幸福感的厕所首先是美丽、干净的，同时也是具有人文关怀和环境友好的”。

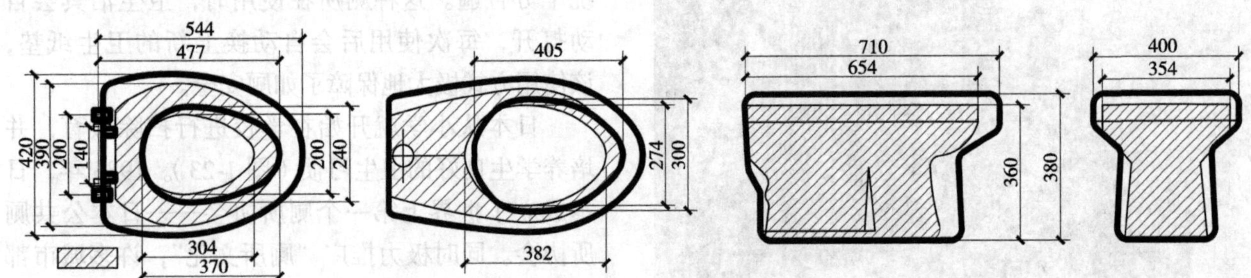

图1-24　日本昭和五十九年（1974年）建国技馆时开发的力士用马桶

（图中虚线表示通常马桶的尺寸，实线为力士马桶的尺寸）

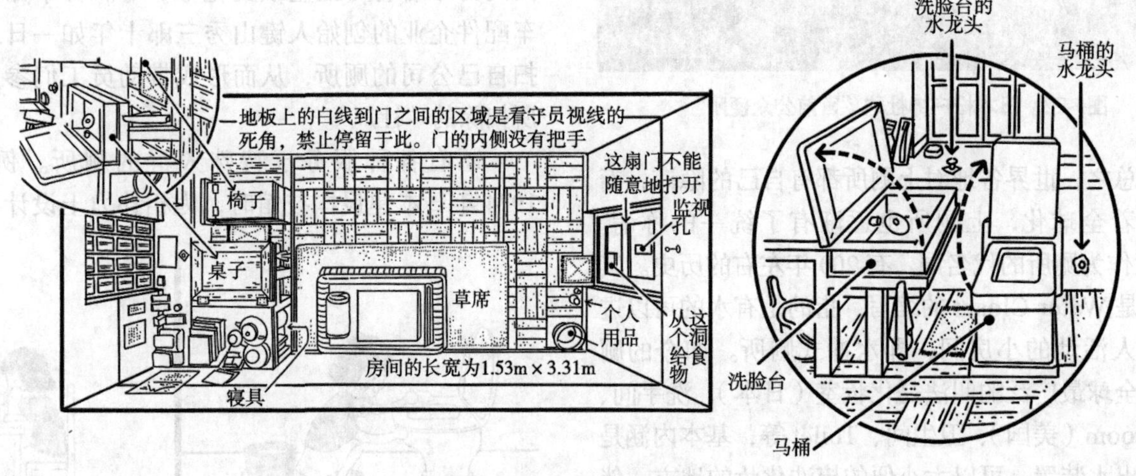

图1-25　监狱厕所及细部

复习思考题

1. 简述中国厕所的发展史。
2. 简述西方厕所的发展史。

推荐阅读书目

1. 全方位城市设计——公共厕所.（英）克莱拉・葛利德著．屈鸣，王文革译．机械工业出版社，2005.
2. 窥视厕所.（日）妹尾河童著．林皎碧，蔡明玲译．生活・读书・新知，2011.
3. 厕神：厕所的文明史.（美）茱莉・霍兰著．许世鹏译．上海人民出版社，2018.
4. 雪隐寻踪：厕所的历史 经济 风俗．周连春．安徽人民出版社，2005.

第2章 户外独立式公共厕所概念与内涵

20世纪中期，厕所问题已引起国际社会的广泛关注，但真正对厕所问题引起足够重视并使其成为具有国际意义的行动，则是在世界厕所组织（World Toilet Organization，WTO）的创建之后。2001年11月19日至21日，首届世界厕所峰会（World Toilet Summit）在新加坡召开，标志着一个关心厕所和公共卫生问题的非营利组织——世界厕所组织的成立（图2-1）。将每年11月19日定为世界厕所日（World Toilet Day），一直难登大雅之堂的厕所卫生问题终于也像贸易、军事、经济等问题一样，登上了国际级别的议事厅，受到全世界的关注。

据世界卫生组织环境卫生统计报告显示：2020年，全球只有54%的人口（42亿人）使用安全管理的卫生服务。低收入和中等收入国家每年有超过82.9万人因用水、环境卫生和个人卫生设施缺乏而死亡，其中环境卫生恶劣是造成43.2万例死亡的主因。为此，世界厕所组织呼吁到2030年世界各地普遍获得充足和公平的卫生设施，结束露天排便的现象。

20世纪80年代，中国的厕所一度曾让国人汗颜。从“文明工程”到“厕所革命”，自上而下的厕所革命持续推进了几十年，成效显著。

我国厕所革命在21世纪开始全面发力，2004年第四届世界厕所峰会在北京召开，宣言声明：厕所是一个国家、一个地区物质文明和精神文明的重要体现，是一个国家和地区经济和社会发展总体水平的体现。习近平在对“旅游厕所革命”的重要批示中指出：“‘厕所革命’是从小处着眼，从实处入手，下决心整治旅游不文明陋习，提升旅游品质的务实之举。”中国正在积极地融入厕所文明的全球化进程之中。

2.1 公共厕所概念与内涵

2.1.1 公共厕所概念界定

《城市公共厕所设计标准》（CJJ 14—2016）（以下简称《标准》）中对公共厕所、独立式公共厕所、厕位、第三卫生间等术语有明确的界定。

（1）公共厕所（public toilets, lavatory, restroom）

在道路两旁或公共场所等处设置的供公众使用的厕所称为公共厕所。

《标准》条文说明中补充：厕所在英国标准中称为toilets，公共厕所在英国称为public toilets，在美国称为restroom，在两个国家都用简称WC。

（2）独立式公共厕所（independence public toilets）

这是指不依附于其他建筑物的固定式公共厕所。

《标准》条文说明中补充说明：独立式公共厕所是不依附于其他建筑物的公共厕所，它的周边

图2-1 世界厕所组织创始人设计的“爱你马桶”徽标

不与其他建筑物在结构上相连接。

（3）厕位（cubicle）

厕位是指如厕的位置，根据便器的类别分为坐位、蹲位和站位。

《标准》条文说明中补充说明：明确规定小便器为站位，完善了厕位的定义。由于男女如厕方式不同，男卫生间内小便位与大便位是彼此独立的，每一个独立的位置便是一个厕位，包含小便位和大便位；而女卫生间内小便与大便是共用一个厕位的。厕位表明的是如厕的位置，其数量与坐、蹲、站的厕位使用方式无关。

（4）第三卫生间（family toilets）

《标准》条文说明中补充说明：第三卫生间是用于协助老、幼及行动不便者使用的厕所间。

该厕所间主要为方便如母子、父女、夫妻、异性服侍行动不便者如厕时获得照顾，除具有无障碍专用厕所的卫生设施外，还增加了婴儿及儿童等卫生设施。为了与男、女厕所间区别，将其冠以“第三卫生间”的称谓。

公共厕所的概念界定表明了两层含义：一是任何人都可以大小便的地方；二是厕所设施和盥洗设备公用的地方。公共厕所是方便人们生活的必要基础设施，是初步处理粪便排泄物的主要场所，是公共卫生的重要组成部分。具有现代语境的“公共厕所”一词来源于英文单词“comfort station”，是随着工业化进程出现的，所以现代意义的厕所具有典型的工业化特征。从单一的如厕、粪便收集的场所，发展至如今兼有生理需求、仪装整理、便利性购物、休息娱乐、文化审美、风土习惯、互联互通等诸多功能的现代厕所，其本质意义已经具有了文明、生态、文化、经济、生活的属性与价值。现代化的独立式公共厕所已成为环境保护的捍卫者、社会文明的代言者、文化风俗的展示者，是经济生活的物化平台和吸引眼球的景观建筑。

2.1.2 公共厕所的分类

公共厕所可以按照建筑形式、结构形式、冲洗方式、使用人群、空间特征、管理方式、投资主体等多种方式进行划分。国家现行标准对厕所的分类是先按照建筑形式是否固定进行初步分类，而后按照建筑物的依附关系进行详细的分类。这种划分方式是我国现行公共厕所设计的规范分类方法，此种分类比较科学，覆盖全面，差异明显。

2.1.2.1 依据不同角度的分类

①根据建设的基准面分类　公共厕所可以划分为地上公共厕所和地下公共厕所。虽说公共厕所大部分是在地面上建设和使用的，但是随着地下空间的广泛开发，建设于地下的公共厕所同样发挥着重要的作用。如火车站、地铁站、地下街区等地下空间配置的公共厕所绝大多数属于附属式公共厕所，其在建筑规模、建设标准、服务水平上丝毫不逊色于地面上的公共厕所。随着地上空间日见稀缺，地下空间的开发受到前所未有的重视，作为地下空间如厕需求的必备设施，地下公共厕所的设计、建设、管理、维护与地上公共厕所相比存在较大的差异，值得设计者和管理者在研究和实践中不断探索和改进。

②根据使用人群分类　公共厕所内部可划分为男性公共卫生间、女性公共卫生间、不分性别的“第三卫生间”。其中第三卫生间往往与无障碍公共卫生间合二为一，主要是协助行为不能自理的异性使用的厕所，如女儿携父亲，儿子携母亲，母亲协男孩，父亲协女孩等。

③根据厕所冲洗方式分类　可将公共厕所分为水冲式厕所和旱厕两类。水冲式公共厕所是指通过一整套专用设备以水冲方式清洗排泄物，并以水封堵臭味。其具有设备简单、易于维护和清洁的特点，便于排泄物的集中处理。水冲式是现代清洁卫生的公共厕所中最为普遍的一种公共厕所形式，也是一定时期内重点推广的一种公共厕所形式。但在北方和一些缺水的地区，这种形式存在一定的困难和浪费，探索利用中水等其他循环水资源方法来冲洗厕所是水冲式公共厕所持续发展的目标和途径。旱厕则是指排泄物直接进入储存设施，不需要使用水或只需要极少量的水来冲洗。其又可分为两种：一种是传统旱厕，排泄

物直接排入储粪池，待排泄物存储到一定数量后以机械或人工方式清除，运往集中处理厂进行处置。我国传统的坑厕便是此种形式，这种形式的缺点是卫生和气味的问题难以解决。另一种是现代旱厕，有采用自动打包的方法将排泄物集中收集于专用收集袋内，再集中运到指定地点处置，如飞机上的厕间。也有将排泄物直接排入生化处理装置，就地处理粪便等排泄物的方式。目前使用微生物分解将排泄物处理成有机肥料的方式，因无须水冲，故无须建设排污管道，从而节省了宝贵的水资源、保护了环境，但因其处理速度较慢，处理量较小，因此不适合人流量极大或偏远少人维护的地区使用。到目前为止，现代旱厕的应用技术仍然有许多可研究的领域和可发展的空间，因其可以节约大量水资源，应用前景较为广阔。

④根据资产归属及投资渠道分类　可分为政府投资管理型和非政府投资管理型两类。公共厕所属于公共产品，理应由政府投资建设，因此政府投资管理型公共厕所是公共厕所建设与管理的主要方向。这类公共厕所在政府投资建设完成后，由政府采购管理与维护服务，政府负责监管并承担全部的管理费用。非政府投资管理型公共厕所主要是指在非政府方完成一些项目建设的时候，或按照政府要求或自行配套完成的厕所建设，并由非政府方承担日后的管理维护费用的厕所，非政府方获取收益。此外，还有一种类型是按照政府要求将原来一些供内部员工使用的厕所，经适当改造后对外开放。此类厕所多是非独立式建筑形式，对城市公共厕所服务质量起到了必要的补充作用。

2.1.2.2　依据建筑形式分类

《标准》中将公共厕所分为固定式和活动式两种。固定式公共厕所又分为独立式公共厕所和附属式公共厕所。活动式公共厕所又分为整体式和装配式两大类，并按其结构特点细分为复合框架结构形式、无框架结构形式、拖动式、自装卸式、自行式、拆卸拼装式、箱体组合式七小类。因此公共厕所依据建筑形式进行分类，可分为独立式公共厕所、附属式公共厕所、活动式公共厕所。

（1）独立式公共厕所

独立式公共厕所是指独立设置的，与其他建筑物结构无关联的公共厕所。独立式公共厕所是公共厕所的主要类型，它一般设置在车站、广场、公园、旅游景区、高速公路、城市道路、公共绿地、文体设施、码头等人流较为集中的区域，为广大人民群众提供如厕服务。《标准》规定，独立式公共厕所按照周边环境和建筑设计要求分为一类、二类和三类公共厕所，其各类公共厕所的设置要求应符合表 2-1 的基本规定。

表 2-1　各类独立式公共厕所设置区域

类　别	设置区域
一类公共厕所	商业区、重要公共设施、重要交通客运设施，公共绿地及其他环境要求高的区域
二类公共厕所	城市主、次干路及行人交通量较大的道路沿线
三类公共厕所	其他街道和区域

（2）附属式公共厕所

附属式公共厕所与独立式公共厕所相反，是附属于其他建筑之中的公共厕所，是建筑物的一部分，可以在建筑物的内部，也可以在建筑物的临街一面。一般对用地比较紧张、人流量较大的地点，如繁华商业街、商场、酒店、餐饮、娱乐场所等，适合设置附属式公共卫生间。《标准》规定，附属式公共厕所按建筑类别应分为一类和二类公共厕所，其各类公共厕所的设置要求应符合表 2-2 规定。

表 2-2　各类附属式公共厕所设置区域

类　别	设置区域
一类公共厕所	大型商场、饭店、展览馆、机场、车站、影剧院、大型体育馆、综合性商业大楼和省市级大楼和二、三级医院等公共建筑
二类公共厕所	一般商场（含超市）、专业性服务机关单位、体育场馆和一级医院等公共建筑

（3）活动式公共厕所

活动式公共厕所是指可以较为方便地移动到指定使用地点，并能够重复使用的，能够为公众提供如厕服务的设施。这种类型的公共厕所一般为工业产品，与传统厕所相比，活动式公共厕所具有可移动性强、占地面积较小、处理方式多样、可不设上下水等配套设施、建造方便快速等特点。在不适宜建设固定式公共厕所的条件和环境中，活动式公共厕所是满足卫生安全的如厕需求的不二之选。尤其在一些大型社会活动中，在人流量激增的情况下活动式公共厕所是必要的补充设施。如举行室外文娱活动、体育赛事等大型活动时，短时间内会有大量人流集中，潮汐性如厕需求极大。这时如果为这些短时间内人潮集中而突增的如厕需求建设固定的固定式公共厕所，活动结束后就会导致公共资源的大量浪费。活动式公共厕所来去自如的特点恰好解决了这个问题，避免了因建设、空置、拆除而造成的浪费。《标准》中将活动式公共厕所基本分为组装厕所、单体厕所、汽车厕所、拖动厕所和无障碍厕所五类。

2.1.3 生态型公共厕所分类

进入 21 世纪，全球化、可持续发展成为各行各业的发展理念与共识。公共厕所由传统水冲式向生态型公共厕所的转变体现了可持续发展理念的价值和作用，生态型公共厕所并非是一种公共厕所的分类标准，而是公共厕所的发展方向和设计理念。因此，本教材并没有将其划为公共厕所的分类体系之中，仅以设计的理念诉求加以拓展。

生态型公共厕所目前大家普遍认可的内涵界定是：使环境免受粪便污染、资源占用少、资源利用效率高的，强调污染物自净和资源循环利用理念和功能的，借鉴生态学原理进行设计以闭合处理环路为重要特征的，环境友好型公共厕所的总称。生态型公共厕所具有成本经济、技术安全、节能环保、美观人性的特点，是人们在寻求重建人与环境和谐关系，遵循和利用自然科学尤其是生态学原理建立的一套技术体系。

生态厕所的研究与推广始于 20 世纪中后期，生态卫生概念推出以后，世界各国都结合各自情况研制开发各种生态卫生系统。作为生态卫生系统的一个重要环节，生态型厕所的发展如雨后春笋般迅速展开。德国研制了多种科技成分较高的生态厕所，其中一种免水冲式的真空吸力厕所经过两年多的使用已经被广泛认可。在丹麦，小城镇基本建立了自己独立的废水处理系统，尿液的分离已经成为厕所建设必须执行的标准。日本最新研制的木屑免水冲生态厕所也是一种新颖的环保生态型厕所。挪威、澳大利亚等国的乡村对“旋转式”堆肥厕所有较多的应用实例。瑞典近年研发了一种非混合型马桶，将排泄物分开收集、存储、分解，而后用作肥料。诸如此类的新技术、新类型的生态型厕所不胜枚举。我国农村持续几千年的厕所是最原初的粪尿堆肥式系统，可以说契合了现代生态卫生系统的使营养物质形成闭合循环回路的核心思想。虽然思想是统一的，但是简陋的卫生设施、堪忧的卫生状况、低劣的如厕环境均无法适应现代化生活的改善。目前，我国大力支持推广生态型厕所，生态型厕所无论从技术类型还是建设标准上均发生了翻天地覆的变化。

由于生态和环保的新技术层出不穷，生态型公共厕所的分类多种多样，就其排放方式基本可归纳为三大类型：免水冲型、节水型和循环水型。

①免水冲型生态厕所　根据其处理工艺的不同，又可分为打包型和生物处理制肥型。免水打包型生态厕所，是由可生物降解膜制成的包装设施（包装袋或粪便盒）对排泄物进行打包收集处理，打包后密封并与相应的生物填料混合，通过搅拌好氧生物开始作用，排泄物被降解后可处理成废渣，也可制成肥料，最终实现零排放。这种方式可就地进行处理，也可运送到统一地点后集中处理。其最大的优点就是能够节省宝贵的水资源，清理方便，省去化粪池等配套设施，规模不受限制。免水生物处理制肥型生态厕所，是利用生化技术进行发酵处理，发酵之后的粪便又可变成以腐殖质为主要成份的有机肥料，深加工后可直接出售用于农业。过程中产生的高温可消灭各种病菌，产生的沼气可作为燃料使用。

②节水型生态厕所　可以说是对原冲水式厕所的一种技术改良，主要通过改进抽吸设备、除臭装置以及大小便器等设施，达到节水的目的。

常规便器水冲量约 8L 左右，而真空便器的使用可使每个便器的冲水量不足 1L。

③循环水型生态厕所　使用的水源为粪尿经过处理后获得的中水，所以称为循环水型。一般有两种方式：尿液单独处理型和粪尿混合处理型。前者对尿液进行单独收集，就地处理成中水后回用于冲洗厕所。粪便采用生物处理后外运，可制成肥料还田，也可作为普通垃圾填埋，自然降解。后者目前在我国使用较为普遍，主要是采用微生物技术和物理化学作用，完成排泄物的降解，最终实现零排放，同时产生的中水供冲洗厕所使用或直接排放。循环水型生态厕所比传统水冲式厕所可节水 70% 以上。循环水型生态厕所污染小，管理费用少，且较为符合人们通常的如厕习惯，并能有效解决粪尿污染和水资源短缺问题，具有更好的发展空间。

这三类环保、实用、节能减排的生态型厕所的出现蕴含着现代卫生理念的转变：通过做好提前预防，杜绝先污染后治理，使卫生安全得到有效的保证。以前的理念是粪尿先混合收集再集中进行处理，这种方式会导致病原体在处理前扩大污染，进而为后来的处理增添许多困难。而现代卫生安全理念则是通过粪尿分离的收集方式，将污染提前杜绝，为随后的处理提供便利、降低难度，进而实现确保卫生安全、资源最大化重复利用的目标。正如德国国际发展合作署（GTZ）所认为的一样，推行生态型厕所的主要目标并非是要推广生态技术，而是树立一种新的生态哲学：保护有限的淡水资源，确保经济地、最大限度地实现水资源的循环利用；实现排泄物的无害化，做到不污染环境的同时恢复其对于农业有益的养分，实现排泄物的资源化。

此外，对生态型公共厕所建筑本身也提倡利用自然采光（如太阳能厕所应用越来越广泛）、自然通风，以降低成本，降低能耗，节约资源，减少排放。经过实践证明，生态型厕所具有免冲水节约水资源、免清掏减轻劳动强度、无臭味、空气无污染、就地资源化能源利用、就地无害化环保、就地减量化节约和功能人性化等特点，真正实现了以人为本、持续发展的核心价值观。

2.1.4　独立式公共厕所的等级和标准

如表 2-1 所列，《标准》中规定城市独立式公共厕所按照周边环境和建筑设计要求分为一类、二类和三类，分别设置在公共环境要求高的地区、人流量较大的地区以及方便服务的地区，分别对应高、中、低不同的配置，以满足不同区域设置不同类别公共厕所的要求。《城市环境卫生设施规划标准》（GB/ T 50337— 2018）中要求商业街区、重要公共设施、重要交通客运设施、公共绿地及其他环境要求高的区域的公共厕所建筑标准不应低一类标准；主、次干道交通量较大的道路沿线的公共厕所不应低于二类标准；其他街道及区域的公共厕所不应低于三类标准。

2016 版《城市公共厕所设计标准》中对原 2005 版标准里的“第 4 章独立式公共厕所设计”以及“第 5 章附属式公共厕所设计”进行了整合，并以固定式公共厕所进行界定，对公共厕所类别及要求做了详尽的规定，具体规定见表 2-3 所列。与原标准相比，新标准并没有将建筑外观形式、绿化环境、装修材料等一些不影响服务质量的指标作为公共厕所类别划分的硬性指标，而

表 2-3　固定式公共厕所类别及要求

项　目	类　别		
	一　类	二　类	三　类 （仅独立式公共厕所）
平面布置	大便间、小便间与洗手间应分区设置	大便间、小便间与洗手间宜分区设置，洗手间男女可共用	大便间、小便间宜分区设置，洗手间男女可共用
管理间（m^2）	>6（附属式不作要求）	4~6（附属式不作要求）	<4 视条件需要设置

（续）

项　目	类　别		
	一　类	二　类	三　类（仅独立式公共厕所）
第三卫生间	有	视条件定	无
工具间（m^2）	2	1~2	1~2 视条件需要设置
厕位面积指标（m^2/位）	5~7	3~4.9	2~2.9
室内顶棚	防潮耐腐蚀材料吊顶	涂料或吊顶	涂料
室内墙面	贴面砖到顶	贴面砖到顶	贴面砖到1.5m或水泥抹面
清洁池	有，不暴露	有，不暴露	有
采　暖	北方地区有	北方地区有	视条件需要设置或有防冻设施
空调（电扇）	空调（南方地区有，北方地区视条件定）	空调或电扇（南方地区有，北方地区视条件定）	电扇（南方地区有，北方地区视条件定）
大便厕位（m）	宽度：1.00~1.20 深度：内开门1.50 外开门1.30	宽度：0.90~1.00 深度：内开门1.40 外开门1.20	宽度：0.85~0.90 深度：内开门1.40 外开门1.20
大便厕位隔板及门距地面高度（m）	1.80	1.80	1.80
坐、蹲便器	高档	中档	普通
小便器	半挂	半挂	不锈钢 或瓷砖小便槽
便器冲水设备	自动感应或人工冲便装置	自动感应或人工冲便装置	手动阀、脚踏阀，集中水箱自动冲水
无障碍厕位	有	有	有
无障碍小便厕位	有	有	有
无障碍厕位呼叫器	有	有	无
无障碍通道	有	有	视条件定
小便站位间距（m）	0.8	0.7	无
小便站位隔板（宽×高）（m）	0.4×0.8	0.4×0.8	视需要定
儿童小便器	有	有	无
坐、蹲位扶手	有	有	有
厕所挂钩	有	有	有
手纸架	有	有	无
坐、蹲位废纸容器	有	有	有
洗手盆	有	有	有
儿童洗手盆	有	有	无
洗手液盒	有	有	无
烘手机	有	视需要定	无
面　镜	有	有	无
除臭措施	有	有	有

是将其作为独立式公共厕所的统一标准进行了说明。新标准的这些改变使公共厕所的类别划分回归到与服务质量息息相关的服务本质，使公共厕所类别的划分更加具有客观性和可评判性。新标准阐明了清洁卫生的公厕环境是广大群众的基本需求，直接体现出城市形象和文明程度的提升。

表 2-3 所规定的公共厕所三类标准仅是各类公共厕所必须具备的最低标准，在具体设计时根据公共厕所使用性质及服务对象的实际情况，应适当高于此标准的规定。同时，考虑独立式公共厕所使用对象及所处环境的景观需求，在条件允许的情况下应尽可能增进其建筑外观特征，及其与外部环境协调设计的考量，具体要求见表 2-4 所列。对于景观环境要求较高或使用对象以旅游者为主的独立式公共厕所，应尽可能选择标准较高的公共厕所类型。目前国内一些城市及旅游区很多公共厕所的配置和设施标准均已超过一类标准，即是基于为如厕者提供更加优良的体验和服务而考虑的。

表 2-4　独立式公共厕所外部环境及景观要求

类　别	建筑外观具有景观需求	是否具有突出的个性特征	是否与外部环境协调
一类	■	■	■
二类	□	□	■
三类	☒	☒	■

注：■有，□可以，☒禁止。

2.2　公共厕所需求特征

公共厕所产生于社会公共活动的需求，为生产、消费、文化等一切社会活动提供必要的配套服务，可以说有人活动的地方就有如厕的需求。公共厕所的首要目标是满足公共如厕的基本需求，公共厕所不仅要数量充足、分布合理，同时厕位的数量与男女厕位比例也应满足使用需要。之后才是洁净无味、环境优良、维护方便、运行可靠、管理有效等提升服务质量的进一步衍生需求。

2.2.1　如厕需求

如厕需求是人类最原始、最基本的生理需求，在马斯洛的需要层次理论中划属最基础的第一层次需求。排泄像吃饭睡觉一样，于人类而言必不可少，又习以为常。健康人平均每天要大便 1~2 次，小便 5~6 次，可以说如厕是人类最基本、最频繁、最重要的行为活动之一。人体只有通过正常的排泄，才能将体内新陈代谢的物质排出体外，从而保障自己的健康与生存。而到一个指定的建筑、房间或者是一个区域内如厕，则是人类文明进步与智慧的结晶，这也使人类远离疾病。厕所作为生理排泄和处理排泄物的地方，是人们生活中不可缺少的基本卫生设施。看似习以为常的如厕关系到人类发展和公共健康，公共厕所即为解决人类在公共活动区域内的如厕需求而设。有数据显示，全世界因卫生如厕设施的缺失所造成的死亡人数超过因艾滋病和疟疾导致的死亡人数的总和，因此享有“卫生厕所”作为基本人权已成为大多数环保组织的共识。

2.2.2　衍生服务需求

随着社会文明步入新的阶段，人类活动日益繁多，对公共厕所的服务质量与需求提出了更为多样化的要求。互联网时代，自然人正逐渐转变成“数据人”，厕所早已成了隐私的最后堡垒。对快节奏的现代人而言，在繁忙工作中能静静地不受打扰地如厕，十分惬意而难得。如厕使厕所逐渐成为一种自我放松的地方，片刻的休暇、轻松畅想，小小的厕所时刻折射出社会服务的方方面面。

2.2.2.1　环境提升类需求

如厕既然已不再只是生理需求的满足，人们更希望如厕时能有良好的体验。公共厕所已不单单只是如厕的场所，多数情况下其承担着园林建筑的景观功能，在景观系统中占据着重要地位。公共厕所是旅游所在地文明的标志，是旅游目的地对外形象的展示窗口，更是影响旅游服务质量优劣、游客满意度高低、城市形象好坏的重要因素。

公共厕所作为文明的窗口，作为与人们生活密切对接的场所，具有明显的文明示范性和较高的服务质量关注度。良好的外在形象、优美的环境特征、方便的技术设施，既是良好如厕体验的先决条件，也关系着优美风景良好体验的反馈，更折射出社会的发展水平，以及政府关心民生的真实尺度。简洁、优美、舒心的景观美学特征已成为现代化公共厕所建设的基准，公共厕所建筑外观应简洁大方，并与周边环境做到有机融合，其设计优劣的评价须以景观建筑美学视角综合衡量其建筑与环境的关联程度（图 2-2）。

图2-2 某景区独立式公共厕所外立面的镜面处理与环境取得了和谐统一的美感

图2-3 日本飞鸟石舞台景区某公共厕所的休息和补给设施

2.2.2.2 补给类服务需求

现代技术和环保材料的使用使公共厕所摘掉了以往脏、臭、丑的帽子，加之布局均衡、网点众多的优势，使游憩地域内公共厕所的建设完全可以将四级旅游服务点的服务功能整合于一身，成为外出游玩补充食物、水分、能源、存取款、哺乳、关照弱势群体等服务需求的补给站（图 2-3）。全国各地兴建的第 5 空间公共厕所衍生的许多补充类服务在市民中得到良好的反映，市民反映"厕所内可以看电视，听音乐，还有 WiFi 连接免费上网，比家里都舒服"。充电、上网、售卖、缴费、哺乳，乃至购物等补充类的服务已成为公共厕所建设的常备功能。

2.2.2.3 休憩服务类需求

在户外游玩的时候，人们多数会选择如厕的时候进行适当的休息，公共厕所周边的座椅、草坪等但凡能休息的空间经常人来人往、人头攒动。多数游憩地域内的公共厕所均会提供休息、小件物品寄存、自行车、雨伞、婴儿车、拐杖等便民设施的租借等服务，休憩类衍生服务已成为公共厕所服务水平高低最有力的证明。为此，公共厕所设计中需划设一定的空间，以提供休憩服务，如图 2-4 所示的日本某公共厕所便在入口处划定了一处三角形空间，并设置了三处座椅，以供游人歇息。目前整合了休息、购物需求的旅游公共厕所在日本已较为普遍（图 2-5、图 2-6）。

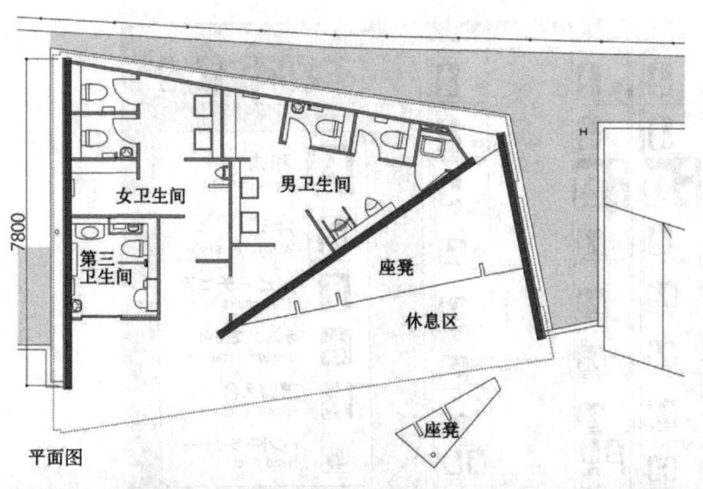

图2-4　日本某城市厕所外部的休息空间

图2-5　整合了休息屋、超市的日本横滨山下公园的某公共厕所

图2-6　日本大阪城整合休憩功能的旅游公共厕所

2.2.2.4　安全类需求

公共厕所的安全类需求包含卫生安全与使用安全。有研究表明在家庭环境卫生里卫生间是最不卫生的地方，更何况公共卫生间。世界上曾经发生过在公共厕所因吸入有毒气体而丧命的悲剧，可见如厕安全是公共厕所设计最基本的需求之一。

日本公共厕所是世界公认的最干净的厕所，这与其打扫和检查的频繁度密切相关。在日本机场、高速公路休息区、饭店、购物中心、便利店等处的公共厕所中，都可以在显眼的地方发现张贴着的“厕所检查表”，记载着谁在几点打扫或检查过厕所。大部分厕所都会每隔一小时，有些甚至每隔 30min，打扫或检查一次。我国的《旅游厕所质量等级的划分与评定》（GB/T 18973—2016）中为提高旅游公共厕所管理水平，将其划分为 A、AA、AAA 三级（图 2-7），并分别对各级旅游公共厕所的管理与卫生做出了详细的规定，如AAA级厕所要求每小时一次巡保，AA 级厕所要求每两小时一次巡保，A 级厕所则要求每天一次巡保。可见公共厕所的卫生安全首先需要详细而明确的

图2-7　旅游公共厕所等级LOGO，《旅游厕所质量等级的划分与评定》(GB/T 18973—2016)

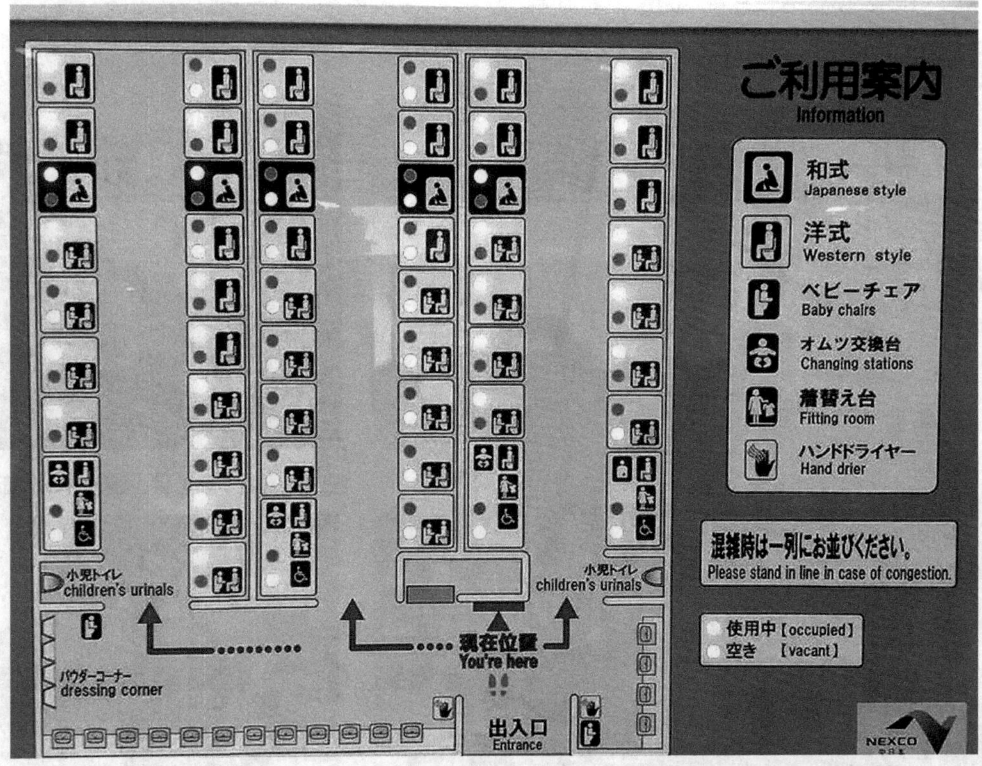

图2-8　日本某卫生间入口处的电子信息监控

管理机制，以及行之有效的监督检查机制，确保其环境卫生。

同时，必要的优化设计也会对公共厕所的卫生安全起到事半功倍的作用。一些公共厕所常见的诸如隔板距墙面过近、非功能性通道过窄、窗子开启过小等诸如此类的设计，虽然这些设计符合现行规范，但不便于清洁、使用，优化设计一定程度可以将卫生安全隐患防于未然。

此外，每年在公共厕所中发生的安全事故并不少见，我国某城市就曾发生过因公共厕所无障碍轮椅坡道设计存在两侧未设扶手的缺陷，而导致一位老人摔伤的安全事故。在公共厕所内因跌倒、吸入有毒气体而丧命的事故并非天方夜谭，如厕安全无远近、大小之分。无论地处哪个偏僻的角落，无论是多小的公共厕所，哪怕是只有一个厕位，只要是公共厕所就意味必须为社会提供安全的公共服务，安全标准不应因厕而异、因地而异，应当保持一致的用水安全、用电安全、通行安全、如厕安全等使用安全标准。

从现行与公共厕所有关的通用设计、安全设计和管理的规范中不难看出，要想拥有一尘不染、安全有序的公共厕所，设计细节上的指导和优化、管理制度的制订和实施、服务职责的划分以及最终的监督检查环节，必须做到节节相扣、环环到位。

2.2.2.5　信息化服务需求

信息化社会，万物互联成了必需，大数据无处不在，人们已难以从中剥离。结合物联网、大数据、云计算、网络传输、传感终端等信息化技术，公共厕所的使用及管理早已走进数字化的蓝海，为如厕带来了史无前例的超感体验和便利服务。如图 2-8 所示，日本某公共厕所为了方便人们在最短的时间内清楚地知晓哪一个厕间是可使用的，每一个厕间的厕位怎样，在入口处放置了电子监控牌，如厕信息一目了然。我国这几年的信息化管理也走到了世界的前列，翔实的如厕信息极大地提升了卫生间的使用效率（图 2-9）。万物互联的时代，数据信号全覆盖是现代化公共厕所信息化服务建设的必备条件，人们可以在如厕时畅游网络，轻松解决购物、家务、交友等身边的琐事。

万物互联使公共厕所通过加装智能化终端，使传统的厕所自此具备了即时感知、准确判断和精确执行的自我管理能力。智慧型公共厕所数字化管理云平台使找厕所、用厕所、管理厕所成为了易如反掌的小事，其技术路线如图 2-10 所示。科学化、智能化管理和使用公共厕所，在智慧解决如厕的同时，也发挥了节约能源、减少排放、避免浪费、节省人力、提升形象等诸多优势。数字化的信息服务使公共厕所的使用和管理更有针对性、更加高效、更加便捷，也为其使用和管理带来了变革。

图2-9　海阳某智慧厕所的信息屏显示的信息

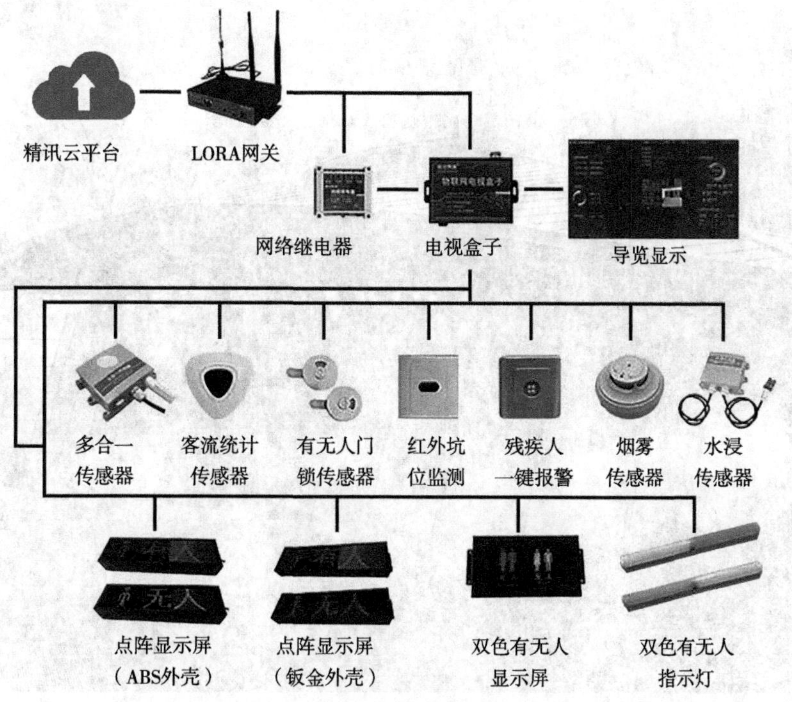

图2-10　某智慧厕所管理系统的配置与管理路线

2.2.3 弹性适应需求

公共厕所的使用流量因人们的活动存在较大变数而充满不确定性：一方面，淡季时很可能游人量寥寥无几，旺季时却又人满为患。面对如厕变化较大的如厕需求，如以淡季需求确定公共厕所容量，一旦进入旺季，如厕之供需矛盾将迅速显现，如厕体验极差。如以旺季需求确定公共厕所容量，则在淡季时多余供给的维护成本和建设成本也不容小觑；另一方面，如厕时的性别差异也是无法提前应对的变量，固定化的男女厕位比例，无论怎样的比例都难以满足现实的如厕需求。因此，如何在需求变化之间找寻平衡，既能满足如厕需求之变化，又利于节约成本、降低能耗、提升如厕效率，弹性适应已然成为现代化独立式公共厕所设计必须面对的挑战之一。

图2-11　获得设计大奖的共用厕位

因此，公共厕所的使用与设计必须具有一定的弹性适应特征，以动态调整的手段应对使用流量、使用性别的变化需求。公共厕所设计的弹性适应需求可从以下三方面加以考虑：①增设无性别厕位比例（图 2-11），便于在公共厕所人潮汹涌时适时调整男女厕位比例，如此不仅可以有效提升厕位使用效率，还可以节约不必要的成本和空间的支出；②采取直入式布局，以无性别化厕所时刻满足如厕性别差异化需求（图 2-12）；③增加临时厕所，有效应对如厕需求量的变化（图 2-13）。

图2-12　某园博园无性别厕所

2.3 公共厕所衍生功能

公共厕所犹如一份社会文明的"晴雨表"，直接映射出人们的卫生习惯和道德水准，也可透射出一个国家的经济发展水平、社会的文明程度及其管理水平等。文明与否，小小公共厕所即可窥视一二。

世界厕所组织致力于全球性的厕所文化，倡导清洁、舒适、健康的厕所。世界厕所组织曾做过统计：平均一个人一生中约有整整 3 年的时光是在厕所中度过的，足见厕所之重要。厕所是伴随着人类文明的发展而出现的，它从解决人类生理代谢的简陋场所发展至今成为兼有生理代谢和卫生整理，乃至休息、商业、文化、娱乐的场所，这样的转变本质上是人们生活观念的变革和卫生意识的进步。世界各国都在为此不断地努力着：日本为传承本国"厕所文化"之发展，每年举行"十佳公共厕所"评选活动，以提升日本独立式公共厕所的建造质量。美国纽约某观光景点出现了一种新式公共卫生间，这种卫生间不分男女，只是把一个大空间分割成一个个独立的小空间。让人诧异的是那小空间的玻璃门，站在门外面能将里面的抽水马桶和洗手台一览无余。但是只要你进去一上锁，透明玻璃立即变成了毛玻璃，并浮现出有人的字样；如厕后将锁打开时，玻璃门又回到透明状态。英国伦敦市中心安装了一种新型公共卫生间，每到夜间，这种新型独立式公共卫生间就从地底下升到地面。这种夜间公共卫生间平时存放在地下，使用时自动升起，既方便又节省空间，且对城市地景环境的影响很小。这样的设计对夜晚酒吧文化发达的地区，可以减少醉酒者随处便溺的不雅行为（图 2-14）。

新时代赋予公共厕所以更多的角色标签，公共厕所最核心的功能仍然是如厕方便、安全卫生以及环境舒适。一些衍生功能虽然是锦上添花，但却使公共厕所不再单一呆板，具有不一样的文化与关怀，对厕所文化的构建起到了举足轻重的作用。下面这几个衍生的公共厕所标签已成为现代化公共厕所不可或缺的设计标签。

图2-13 可移动式公共厕所，可有效缓解如厕之急

图2-14 可升降小便池

（1）芳香

很长一段时间里，“唯厕是臭”的观念在人们心中根深蒂固，臭气熏天是公共厕所独有的特征之一。现在，当我们走进一间公共厕所，闻到的却不是恶臭，而是芬芳的香气。这不仅仅是“空气置换装置”内外循环空气的结果，很大程度上还要归功于智能公共厕所配置的除臭机以及气味芳香剂。从如厕第一触媒——嗅觉的感官上，公共厕所已不再是以往那个污秽脏乱之地，成了芳香四溢之地、城市的形象窗口，代表着时代文明的发展水平。

（2）环保

如今的公共厕所处处体现着环境保护的观念：感应式水龙头和冲便器可以有效节约资源；声控灯光大大降低了电能源的消耗；环保材料的普遍使用大大提高了能源重复利用的效率；大数据云管理等智能化管理的普及使能源消耗得到有效的监管……以人为本，可持续发展，保护环境，节水、节电、节能，是环保的内涵与行动。杀菌、消毒，抑制菌类大量繁殖，彻底消灭污染源，避免直接感染和交叉感染是公共厕所卫生要求的新标准。具备上述两项内容的公共厕所才有资格贴上“环保”的新标签，才是真正意义上的环保厕所。

（3）全能休息室

广州黄村街道负责人在介绍他们的智能公共厕所时说：“现在这个厕所已经成为村里人的骄傲，不少村民都会盛情邀请亲友离村时上个厕所再走”。这虽然有些另类，却是目前现代智能公共厕所最朴实的写照。免费再加上科技带来的新鲜感，在一段时间内使人们进入智能公共厕所主要是为了体验其中包含的科技元素，方便反而成了顺带之事。和其他公共场所一样，公共厕所内免费 WIFI 和手机充电站等网络时代的配置一应俱全。章丘的新型智能公共厕所甚至还设置了便民服务柜，人工智能不仅改变了公共厕所旧有的呆板形象，也丰富了使用功能。未来，人们在公共厕所里呆的时间可能会更长，因为它正在朝着全能化小型休息室方向发展。

（4）智慧公共厕所

智慧公共厕所是智慧改造和智慧管理两者的有机结合，智慧改造是智慧管理的前提，智慧管理保障了智慧改造成果得以持续稳定地运行下去。二者互相依附、有效结合，才能真正服务于民。在提升公共厕所基础建设基础上，引入信息通讯、物联网、互联网等技术，建立公共厕所管理、响应和决策的智能机制，形成基于大数据平台的，以服务公众用户及管理用户的，快速发现问题一即时解决问题的循环管理。

①*智慧设施层面*　可通过相关智能技术的应用，采集、统计、分析公共厕所运营过程中产生的数据，依据数据提供智能管理服务，实时提供智能照明、智能通风、智能除臭、智能清洁、刷脸取纸、能耗实时监控、紧急呼救与应急服务等公共厕所的智慧服务。

②*公众服务层面*　更加注重公共厕所的人文性和科学性。首先，是女厕、母婴公共厕所和无障碍公共厕所数量的占比进一步提高；其次，通过互联网技术建立具备显示开放时间、蹲位数量和意见反馈等功能的如厕信息提示，或利用微信、APP 等提供找公共厕所服务，让市民如厕更方便、更从容。

③*能源消耗方面*　实现环保节能的智能处理方式。落实《厕所革命技术与设备指南》，大力发展环保、节水、节能和生态型公共厕所，推动运用循环水冲、微水冲、真空气冲、源分离免水冲等技术，推广使用生态木、竹钢、彩色混凝土等绿色环保材料。

④*日常运管方面*　推进建立公共厕所基础数据联网档案，利用公共厕所信息化管理平台做好日常维护管理。如通过对公共厕所的用水、用电数据进行实时在线监测，及时发现并处理水电使用情况，避免水电设备在使用过程中出现故障造成资源浪费。借助公共厕所内的气味传感设备监测公共厕所臭气情况，一旦超标立即自动开启除臭设备，或调度保洁人员前去清理，时时保证公共厕所环境的清洁卫生。再如通过保洁频次、人流量情况、评价等级、设备损坏率等

大数据指标，综合分析公共厕所成本和消耗数据，为公共厕所规划布局与决策管理提供有效的依据。

（5）标配第三卫生间

不同高度的物品搁置台、大小马桶、婴儿安全座椅和专门为婴儿更换尿布的尿布台等设施是专为残障人士、老人以及母婴等有特殊需求人士如厕设计的，是为需要亲人（尤其是异性）陪伴的行为障碍者或行动不能自理者设置的特别卫生间，所以称为“第三卫生间”。公共厕所中“第三卫生间”由最初的悄然兴起发展到如今的标准配置，体现了公共厕所文化在人文关怀方面的提升和重视，是社会文明水平提升的表现。

（6）第 5 空间

2015 年 11 月 19 日，首个新型公共厕所样板间——第 5 空间率先在北京房山区政府前广场投入使用。第 5 空间内除满足厕所基本功能外，室内还安装了暖气和空调，增设了第三卫生间，以及专为残障人士、老人以及母婴如厕设计安装的各类设施。公共厕所还增加了自动存取款机及缴费机、新能源汽车充电桩、再生资源智能回收机、无线网络覆盖、电商终端、自动售水机等便民服务基础设施。至此，第 5 空间提供了上网、缴费、充电、取款、购物、打电话、垃圾回收、上厕所等一站式服务（图 2-15）。第 5 空间还配建了环卫工人休息间和淋浴室，专门为保洁人员以及周边环卫工人提供休息的场所，环卫工人饮水难、吃饭难、休息难、淋浴难的问题借助公共厕所的新功能得到了有效改善。未来环卫工人也可以穿上干净衣服上下班，可以说公共厕所为环卫工人转型为现代产业工人创造了条件。在资金投入上，第 5 空间借助“互联网 +”创新出全新的商业模式，可以做到在地方政府不额外追加公共投入情况下，稳步实现可持续建设和管理，利于推广，这也是此次厕所革命要解决的核心问题。把公共厕所建设成集现代科技、基本公共服务、景观建筑于一体的新型公共空间，重新定义了公共厕所，使其成为继家庭空间、工作空间、社交空间、虚拟空间之后的“第 5 空间”，推动了现代厕所新的文明进程。

图2-15　海南省投入使用的第5空间公共厕所

图2-16　APP找厕

（7）互联网找厕所

互联网时代，各种找厕APP层出不穷，在城市街头找厕所已不再是难事。成都市城市管理委员会开发了一款APP找厕神器，提供专业、精确的城市厕所分布图。通过“便民服务”就可以扫描周边厕所，距离你最近的公共厕所立刻显示：红色24小时开放，蓝色定时开放；点击图标，导航即可带领前往；使用完毕后，还可以留言点评（图2-16）。在全国范围，由住房和城乡建设部组织研发的“全国公共厕所云平台”也已经在2017年11月19日上线试运行，快速寻厕功能基本实现。

2.4　我国厕所革命面临的问题

多年来，提供优良的如厕服务一直是我国社会公共服务努力改进的方向。“脏、乱、差、少”的如厕体验一直困扰并制约着城市和景区的发展，游客常常体验到无厕可上、无厕敢上、无厕愿上的尴尬。习近平总书记就“厕所革命”作出过重要指示，强调要发扬钉钉子精神，采取有针对性的举措，一件接着一件抓，抓一件成一件，积小胜为大胜。如厕体验的好坏直接折射出社会管理与服务质量的高低和精细程度，标识着社会文明发达的程度。

2.4.1　观念意识落后守旧

我国现代化厕所的建设与普及也是近几十年才卓见成效的，长久以来中国人所形成的“唯厕是臭”的观念根深蒂固。中国古代的厕所多与猪圈、杂物房等并排设置，于是“脏、臭”是厕所代言的观点便一代代传了下来。即便现在，大谈厕所也往往被认为是不礼貌的，厕所主题在很大程度上被社会忽视。不难想象在土地资源极为稀缺、寸土寸金的发展态势下，思想意识的落后必然造成具有公共产品属性的公共厕所资源配置动力机制的不足。神州大地拥有享誉世界的“饮食文化”，却耻于谈厕。

虽说厕所革命成绩斐然，然而不少人如厕的思想观念仍然停留于农耕文明时解决生理之需的状态。我国有关厕所的论著寥寥无几，在公共厕所文明的意识更新、思想教育上存在很大的提升空间。思想观念的陈旧、落后使人们对与如厕相关的大小事宜一概怠慢处之，造成了在厕所改造与提升的实践中过于关注数量供给，轻视提升如厕体验的客观现实。没有一个正确的现代化的如厕观念，人们并不会对如厕以及如厕体验存有尊重之心。良好的如厕环境体现了对于使用者的尊重，而观念意识落后需要依靠全民教育进行改变。

2.4.2　如厕供给不足

2.4.2.1　公共厕所数量不足

如厕供给不足，首先表现在公共厕所数量不足。我国自 2015 年以来在全社会范围内发起“厕所革命”，几年间先后对近十万公共厕所进行了新建和改扩建，公共厕所硬件设施条件得到了显著的提升。基于高德地图公共厕所大数据分析发布的《2021 中国公共厕所图鉴》显示，杭州、北京、拉萨等十个城市被评为“十大如厕自由城市”（图 2-17）。据中国政府网 2020 年 10 月 27 日消息，自 2015 年以来，我国农村“厕所革命”扎实推进，效果显著。截至 2020 年 10 月，全国农村卫生厕所普及率达到 65% 以上，2018 年以来累计新改造农村户厕 3000 多万户。此外，95% 以上的村庄开展了清洁活动，村容村貌、卫生环境均明显改善。据国家统计局数据显示 2014—2016 年，中国每万人拥有公共厕所数量呈下降趋势，2017 年以后在国家大力推进厕所革命下该数量开始回升。2018 年中国每万人拥有公共厕所 2.88 座，同比增长 3.97%；2019 年中国每万人拥有公共厕所 2.93 座，同比增长 1.74%。2018 年中国公共厕所数量 14.75 万座，比上年增加 1.14 万座；2019 年中国公共厕所数量 15.34 万座，比上年增加 0.59 万座，成绩喜人。

作为如厕自由城市排名第一的杭州市（陆域面积 8292.31km^2）率先推出市域公厕网上“一张图”的如厕导航，据导航显示其各类公共厕所合计近 6000 处，每平方千米有公共厕所 0.72 个。但是其公共厕所的布局并不均衡，其中陆域面积最小的上城区（面积 26.06 km^2），有各类对外开放的公共厕所近 900 处，平均每平方千米有公共厕所 34.54 个。可见就整体社会进步及需求而言，

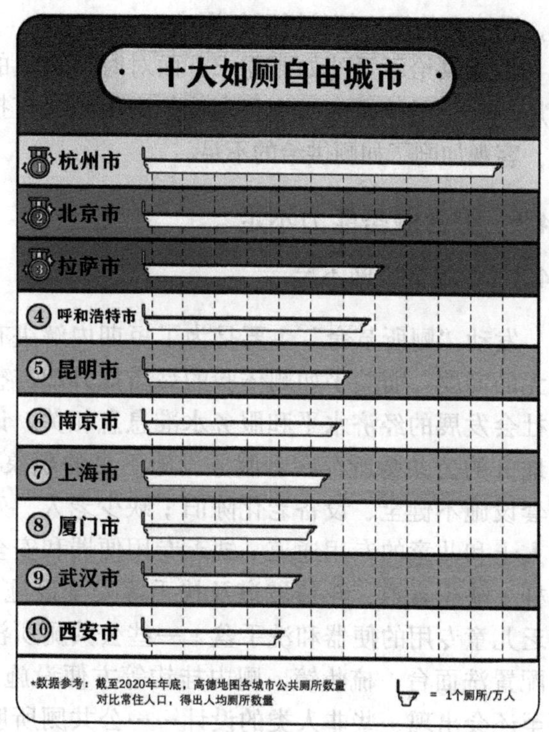

图2-17　2020年底被评为“十大如厕自由城市”的公共厕所数量

我国公共厕所数量的匮乏与分布不均依然是制约公共卫生服务品质化提升的主要瓶颈之一，如厕难的问题仍然是厕所革命的主要困境。为此，我们仍需进一步深入开展爱国卫生运动，将“厕所革命”向薄弱环节扎实推进，持续扩大公共厕所供给数量、改善如厕质量，彻底解决如厕难的问题。

2.4.2.2　公共厕所使用率低下

如厕供给不足，其次表现为公共厕所使用效率不高。就表象而言，我国虽然新建了大量的公共厕所，一定程度缓解有与无的如厕供给矛盾，却依然不能满足使用需求。此类现象的发生，部分原因是由于一些公共厕所使用率低下。公共厕所使用率低主要有以下几方面成因：①规划布局的不合理，人迹罕至的地方修建豪华、多厕位的公共厕所都只能形同虚设，这种现象在游览地域内较为常见；②指示不明、可达性不足，找厕难时有发生，客观加剧了如厕的时长，降低了使用效率；③设计不实用，忽略使用者感受与行为模式，因诸多使用不便徒增了如厕难。

本就供给不足的如厕需求，面对时常发生的使用率低下的问题，一定程度使如厕供给大打折扣，客观加剧了如厕供给的不足。

2.4.3　综合服务能力不足

2.4.3.1　服务设施不足

发动“厕所革命”主要是为了短期内解决有与无的问题，而关乎如厕体验的品质提升却与整个社会发展的经济水平和服务水准息息相关。许多地方的公共厕所存在着服务设施不足的现象：配套设施不健全、设备老化陈旧；缺少老人、残障人士和儿童的专用通道；缺乏专用便器和安全抓杆；缺少盲道、轮椅坡道及扶手等安全设施；缺乏儿童专用的便器和洗手盆；一些公共厕所没有配置洗面台、梳妆镜、厕内挂钩等方便设施；甚至还会出现一些非人类的设计……公共厕所服务设施的不足给人们带来诸多不便，一定程度损害了公共厕所的综合服务能力，造成了上厕所难、如厕时间长的现实。有研究表明配备整理台的厕位能极大缩短女性如厕时间，足见一个小小的服务设施的配置便可以提升如厕效率、缓解如厕需求不足的困境。

2.4.3.2　服务内容缺失

如前所述，现代化的公共厕所已不单单是解决生理需求的场所。环境提升类、补给类、休憩类、安全类、信息化等服务已成为优良如厕体验的必备功能。随着旅游厕所等级评价指标的出台以及3年行动计划的推进，生态型、科技型旅游厕所建设量大增，这些厕所设施齐全、环境整洁，如厕体验凸显了人性化的服务标准，如厕、生态、管理三方面服务水平齐头并进。但只要仔细观察不难发现如此“豪华”标准的旅游公共厕所，在同一景区内却寥寥无几，更多集中在入口区、游客中心或核心景点等关乎景区形象的区域，而同一景区其他区域内的公共厕所的景观环境与服务内容则良莠不齐，如厕体验千差万别。一些公共厕所片面追求豪华、气派，铺张浪费现象也时有发生，完全背离了公共产品提供高品质公共服务的基本准则（图 2-18）。

因此在声势浩大的厕所革命背景下，我国公共厕所服务内容的缺失还是存在的。大部分公共厕所没有配置第三卫生间；公共厕所缺少必要的为减少交叉次数而设置的卫生设施，诸如感应式洗手龙头、洗手液等；只有少数公共厕所设置了休息等候区域；充电、贩售、缴费、哺乳等补给类服务占比微乎其微；信息化的网络服务并没有覆盖全部公共厕所；缺少对老年人、盲人、残障人士等弱势群体的人文关怀和专用空间的设置……凡此种种都已表明我国公共厕所就建设和管理而言，服务内容配置的标准化仍然是任重道远的艰巨任务。应当将国家对公共厕所的投入用在提升服务水平、完善服务内容的核心建设上（图 2-19）。

2.4.3.3　服务效率不高

面对现存如厕难的困境，最直接的解决办法

图2-18 饱受诟病的某景区异常豪华的生态厕所

图2-19 日本某景区内偏置一隅的公共厕所厕位内齐备的卫生服务设施

是增加供给，以增量解决困境。然而在寻求增量这一解决办法的同时，解决存量，提升现有公共厕所服务效率也不容忽视，不失为解决我国目前如厕难最有效、最便捷的途径之一。

对公共厕所使用效率而言，齐备的服务设施与效率高低息息相关，而完善的服务内容则与如厕体验优劣密不可分。目前我国公共厕所服务效率不高，主要是由于粗放型的管理和简陋的设施配置造成的。缓解如厕难的困境，首先需要使公共厕所发挥其最大效能，公共厕所服务效率的高低直接关乎如厕服务能力的大小。提高公共厕所服务效率，可从以下几方面改进：①配置必要的服务设施增强使用方便性以缩短如厕时间；②在现有设施基础上优化男女厕位配比，增加无性别厕位占比；③进行数据信号全覆盖，推广找厕所 APP 以精准路线和定位缩短找厕所的时间；④在周边适当地方增加部分场地空间放置临时厕位以提升公共厕所应急反应能力……诸如此类围绕精准、便利、弹性的原则展开的精细化管理措施，对提升公共厕所服务效率至关重要。因此，精细化管理和齐备的服务设施是提升现有公共厕所服务效率的主要途径。

2.4.4 维护与管理不到位

厕所革命以来，公共厕所卫生堪忧状况有了极大的改善。

我国有关职能部门对公共厕所从建设到使用的全过程进行监督与管理，这一过程包含规划审批、建设监理、设备招标、卫生巡查、服务质量评价等监、管、批的环节。《标准》中有针对管理的较为详尽的规定：门及隔板应采用防潮、防划、防画、防烫材料；每个厕位间应设置坚固、耐腐蚀的挂物钩；应选用耐腐蚀和水封性能可靠的地漏；清洁池应设置在单独的隔断间内，清洁池的设置应满足坚固、易清洗的要求；卫生设备在安装后应易于清洁；当卫生设备与地面或墙面邻接时，邻接部分应做密封处理……

现行有关公共厕所的管理主要是针对如厕各个环节进行的制度化的建设，忽视了管理主体——人的因素。公共厕所使用中要对如厕者和工作人员进行管理，要对设备进行维护。管理制度和规范建设需要有效参与人和有效的激励机制、观念教育和心理建设的推动。

2.4.5 设计脱离使用者视角

设计来源于生活高于生活，设计遵循使用需求，为使用者而设计是设计师的基本共识。公共厕所设计也不例外，感应式水龙头的配置、地面铺装防滑处理、出入卫生间的无障碍坡道，……这些举措均是围绕如厕者的切实需求展开的。但如厕者并不是公共厕所使用者的全部，还包含管理人员、清洁人员和维护人员的使用需求，而这些需求在设计中却很少受到关注，抑或是所受到的关注在实践检验中以失败告终。由于没能从全体使用者的视角进行设计，公共厕所设计呈现某些问题设计。

以公共厕所必备的无障碍卫生间为例，我国的公共厕所无障碍厕位经常令使用者够不着台盆上的水龙头。类似的问题还有很多，这其中折射出现行的设计规范中，对人文关怀的关注更多地集中于便利性的有与无的提供上，没能深入到真正以使用者的视角，为使用者提供行之有效的便利。这在一定程度上反映了规范制度设定的弊端。

他山之石可以攻玉，邻国日本的无障碍运动中折射的细节值得我们反思和学习。1990 年以来，日本社会结构进入老龄化阶段。于是日本无障碍权益保障不再只属于少数残障群体，而是主动扩展到老龄者、孕妇、幼儿等弱势群体，其权益保障获得整个国家的广泛接受和支持。日本公共厕所的设计和对弱势群体的关爱受到全球游客的称赞，其多用途公共厕所、无障碍厕所令人惊艳的细节，完全出自使用群体的视角，围绕使用方便、易于清洁的核心原则组织设计。日本全国几乎所有厕所都配备完整的无障碍设施，或提供专用的无障碍卫生间。这类卫生间一般面积会比较大，为的是让轮椅可以轻松进入，所有扶手都是经过细致的推敲和计算，为残障人士提供最大便捷（图 2-20）。无障碍厕位内会为一些手腕无力的使用者提供感应式的卫生纸机器，只需简单地感应一下，就会自动“吐出”定量的卫生纸。其为残障人士提供更换尿不湿的地方，尺寸设计完全符合残障人士实际使用的尺度。无障碍厕位除在马桶两边设置扶手以方便视障者和腰不好的老人使用外，还会增设用于应急呼叫的红色紧急按钮。紧急按钮设计成较大形状，只用指甲或手肘便可以轻易操作。按钮的位置也触手可及，十分方便实用，即使有跌倒在地的情况下也能及时触及按钮呼叫帮助。有些无障碍厕所，还有一个像马桶一样带水龙头的水盆，主要为一些装有人工膀胱、人工肛门的人使用，使用者在此冲掉排泄物后还可以清洗。卫生间内还会贴心提供换衣台，为想稍微换一下衣服的使用者提供便利（图 2-21）。除此之外，日本公共卫生间内还会基于对如厕尊严的考虑设置一些门帘，主要是因为部分残障人士如厕需要旁人协助，上厕所时第三者不得不在场，这时用来暂时隔开两人的帘子一定程度维护了残障人士的如厕尊严。

可以说“体贴入微”已经深入到日本公共厕所无障碍设计的方方面面，这种完全基于使用者视角的精细设计与细微管理，我们需择善而从、取长补短。基于全体使用者需求为每一个人，特别是有行动障碍的人，创造一个更为便利、整洁、健康的厕所，应是我国公共厕所设计的努力方向，也是厕所革命向纵深推进的目标。

图2-20　日本无障碍厕位内便利而细致入微的便利设施

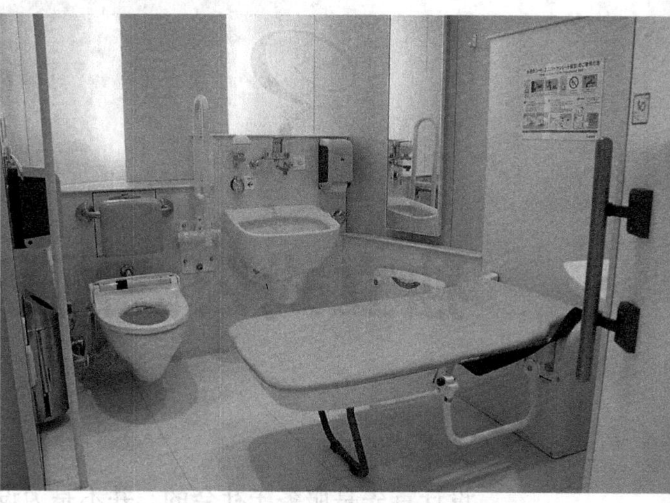

图2-21　日本卫生间内提供的方便换孩子尿不湿和大人使用的换衣台

复习思考题

1. 独立式公共厕所现行设计规范的价值是什么？
2. 简述独立式公共厕所的需求特征和衍生功能。
3. 独立式公共厕所需求特征中哪些特征与设计活动有直接关联性？
4. 公共厕所使用者的需求有哪些？

推荐阅读书目

1.《城市公共厕所设计标准》（CJJ 14—2016）.
2.《旅游厕所质量等级的划分与评定》（GB/T 18973—2016）.
3.《无障碍设计规范》（GB 50763—2012）.
4. 外部空间设计．（日）芦原义信著．尹培桐译．中国建筑工业出版社，1985.
5. 设计学概论．尹定邦．湖南科学技术出版社，2000.
6. 建筑设计资料集（第三版）. 建筑设计资料集编委会．中国建筑工业出版社，2017.

第3章

独立式公共厕所布局准则与厕位强度

设计者的职责

设计首先是服务于社会的，并不是为设计者存在的。设计是为使用者服务的，它面向一切需求提供合理的解决方案和解决途径。

优秀的设计诚如红点奖创始人彼得·扎克（Peter Zec）先生所言："好的设计能够提升我们的生活品质，不仅仅外观漂亮，同时使用也比较人性化、简洁便利，这跟艺术家天马行空地表达自我是不同的。"评价一个好的设计，必须从功能性、美观性（让使用者喜欢）、实用性（方便好用）和责任感四个方面来评价。

1926年9月，美国《居室与花园》杂志向读者提过这样一个问题：你能想象得出在我们家中的房间内还能有比卫生间更能体现出进步、文明和舒适的吗？这个问题告诉我们，将现代意义的家区别于过去时代的家，卫生间扮演着当仁不让的重要角色。

曾参与纽约水族馆的厕所壁画创作的日本壁画设计师松永（Hatsuko）说过他的艺术追求："使厕所能够成为人们获得片刻歇息并感到身心舒适的地方，这就是我所追求的。"

成立于2005年的世界厕所学院是一个独立的国际机构，其诞生标志着专业化的卫生和厕所技能培训被正式列入了行业发展的序列，这一序列是设计者不能忽视的责任。该学院为各地政府部门和机构，私营企业和卫生专家提供培训服务。通过传播厕所卫生知识和提供培训，以推广厕所管理中的正确方法和设计标准。世界厕所组织希望解决的是厕所设施和使用者之间的"最后一米"的联结问题。世界厕所学院在其长期合作伙伴——新加坡理工学院提供的场所进行课堂培训，实地培训工作则在不同的地点举办。世界厕所组织提供以下课程方案：卫生间专业培训课程，全国技能识别系统课程，可持续卫生课，卫生间设计课程以及学校环卫和卫生教育课程。

公共厕所这样一个满足人们排泄需求的场所，其所提供的公共产品服务应该为人们所尊重。诚如英国一家名叫"Sunday People"的报纸过去常用的广告语所言"厕所，所有人类生活都在里面"一样，厕所涵盖了一系列如图3-1所示的相关话题，这些话题是设计者不能忽视的，设计需要对这些方面进行有效的应对。作为设计者，要知道厕所不仅仅是为了如厕者设计的，还包含着对有其他需求的使用者和厕所管理者、清洁者等诸多需求的满足。厕所作为公民文明程度最直接的表率，那些从事此类事业的人，尤其是清洁人员理应得到足够的尊重。

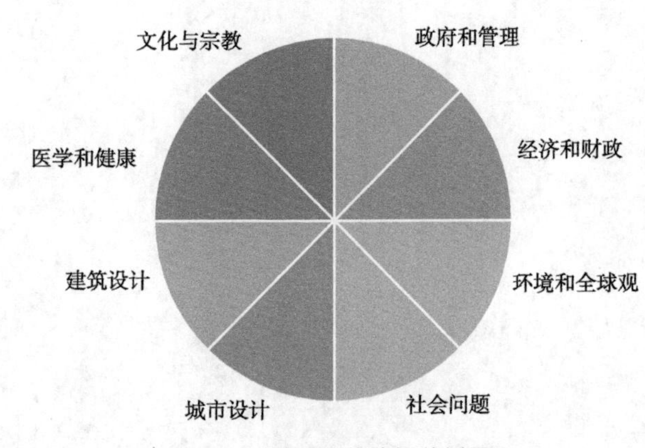

图3-1　厕所涵盖的相关话题

现代生活赋予公共厕所以多重身份，其不再只是解决生理需求的场所，还须满足功能全面、使用舒适、设计人性化等精神需求，给如厕者以足够的心理回应。这是一个从生理需要到心理满足的逾越过程。正是这个过程的存在，才使现代公共厕所得到重新审视，以更为开阔的视角对公共厕所进行设计研究。

设计师应充分关注大众在使用公共厕所过程中的视觉、听觉、嗅觉、触觉等知觉体验，分析影响这些知觉体验的主要因素，诸如建筑形态、色彩、采光、通风、隔音、材质及无障碍等因素，创造出充满人性关怀、光环境丰富柔和、身心体验俱佳的公共厕所，为人们提供优良的如厕体验。

3.1　科学布局

独立式公共厕所面向社会服务，其服务质效如何，如厕的便捷性是首要问题。而数量充足、布局合理的公共厕所设置是如厕便捷性的基础：数量充足才能确保服务需求得到满足；布局合理则能发挥每一处公共厕所最大的服务效能，提升如厕便捷性的感知度。当然独立式公共厕所布局与数量的设置除了要着重考虑服务便捷性之外，还要结合成本支出与服务效益，在三者间寻求最佳的平衡。虽然公共厕所数量越多意味着提供的如厕服务更加便捷，但是过多的公共厕所数量于社会服务成本支出不利，公共厕所数量过少则于服务效能无益。因此，独立式公共厕所设计首先需要考虑的设计内容便是如何确定服务区域内最佳的公共厕所数量，怎样确保合理的选址与布局，以便在提供最佳服务的同时合理地降低建设与管理的成本，这需要设计者在公共厕所服务半径及其选址布局上进行科学的统筹与合理的安排。

3.1.1　服务半径

服务半径是一种通俗的说法，主要是指每一栋公共厕所合理的服务范围。影响这一服务范围的因素很多，最直接因素便是公共厕所的交通可达性（到达是否方便）和服务容量（能够为多少人提供如厕服务），而服务半径的确认也将直接影响独立式公共厕所的选址与布局。

各类公共场所有义务为服务受众提供必要的如厕服务，现行各类设计标准和规范对此义务规定有许多条款较为模糊、可操作性不强，或规定有失公益性。如《公园设计规范》（GB 51192—2016）第 3.5.3 条款第 1 条规定：面积大于或等于 $10hm^2$ 的公园，应按照游人容量的 2% 设置厕所厕位；小于 $10hm^2$ 者按照游人容量的 1.5% 设置，男女厕位比例宜为 1∶1.5。这样的规定看似具有明确的指导价值，但是如此规定存在两点可商榷的地方：其一，公园性质、区位、周边环境及其开放程度是否比面积指标更适合确定如厕标准；其二，规定的前提条件受制于游人容量的计算结果是否科学，而这恰恰是目前计算游人容量的难点所在。再如《环境卫生设施设置标准》（CJJ 27—2012）列出了两个专项指标：公共厕所设置密度指标表以及公共厕所设置间距指标表（分别见于 CJJ 27—2012 中表 3.4.2、表 3.4.3 内容）。从表中的规定可以看出指标规定还是存有一定的模糊性，指导性不强。表中规定的服务半径保持在 200~800m 的范围，其中城市广场的公共厕所设置间距最小，为小于 200m 服务半径设置 1 座。旅游景区内公共厕所设置间距的规定，为 600~800m 服务半径设置 1 座。如此的规定虽然考量了服务人群的分布密度和使用频率，但未必兼顾了公共厕所服务的公共性。

确定合理的服务半径是公共厕所科学布局的首要指标，公共厕所相互之间的距离应基于使用者的生理情况确定。在不影响生理健康的前提下，确保如厕者可在最低的忍耐时间内便捷地找到公共厕所，是确定服务半径的首要考量。在《环境卫生设施设置标准》（CJJ 27—2012）中提出，通过对如厕意愿的调查研究，得出人们产生如厕生理需求后，在不能就近的情况下，多数人希望能够在 2~3min 内找到厕所。以普通人较为快速的步行速度 5km/h 计算，步行距离是 200~250m。基于此，《城市环境卫生设施规划规范》（GB/T 50337—2018）中对于相邻公共厕所给出布局要求，便是相邻距离不应超过500m。

有研究表明，人从产生便急之意到感到必须解决之间能够忍耐的时间是7~15min。但这是健康人群正常情况下的忍耐时间，一些特殊群体的忍耐时间相对较短。老年人因为膀胱括约肌控尿能力和膀胱储存尿液功能的衰退，导致小便间隔时间更短，且其步行速度更慢，孕期妇女和处于经期的女性也会更频繁地需要使用厕所，……对于诸如此类的使用群体而言，7~15min的距离有时是难以忍耐的。此外，一般认为普通人每3~4h小便一次，但实际上有医生建议女性应该每2~3h小便一次以防病菌滋生，这样做有助于缓解膀胱炎和卫生棉条或卫生巾使用太久所造成的刺激。日本建筑家高桥至宝彦在世界厕所年会上发表的题为*Toliet: in Sightseeing Area*论文提出“轻松的步行时间为4~5min”的有效距离。综上所述，为了确保公共厕所的服务公益性，其服务半径应当以步行速度缓慢、生理自控能力最低的不受行为限制的老年人为参考。综合国内对老年人步态研究的成果，结合性别、体重、速度等因素，国内身体不受限制的老年人正常步速在每秒0.9~1.1m（慢速约每秒0.9m，快速约每秒1.1m），12周岁以下的儿童的步速与老年人较为接近。则相邻公共厕所之间的距离应控制在540~660m[2倍服务半径，即2×5min×60s×（0.9~1.1）m/s]。

综上所述，独立式公共厕所较为合理的服务半径是250~300m，这与我国现行规范中的规定基本一致。由此可见现行规范中对服务半径的规定是科学合理的，其针对布局的规范都是有理可依也是值得参照的。此外，需明确提供公共服务的公共厕所属于公共产品范畴，公共服务性是其首要服务指标。因此，公共厕所服务半径指标虽然倡导可以根据具体场所、规模、性质等条件作适应性调整，但调整不宜过大，否则将损害其公共产品价值，降低其公共服务性。

3.1.2 选址原则

有了科学合理的服务半径仅仅解决了公共厕所自身服务能力的辐射范围，而其应该具备怎样的辐射能力却与其所处的地理位置、外部环境以及交通条件等外部因素有着密切的关联。公共厕所科学合理的建造位置与统筹布局直接关系到公共厕所服务能力的有效发挥，如何发挥每一座公共厕所的最大服务效用，争取服务效益最大化，应是每一栋公共厕所设计的首要目标。在满足服务半径的基础上，为实现这一目标，选址需要遵循以下原则。

3.1.2.1 可达性好原则

在寻找公共厕所如厕时候，许多人都经历过虽近在咫尺却失之交臂的窘境，也体验过望山跑死马的无奈，这些都是公共厕所选址的可达性不足的表现。

对于公共厕所的布局往往会有两个相反方向的诉求：一是在不用的时候，要求其隐蔽，不能影响人们的心情；与之相反，则是在需要使用的时候，希望它立刻出现。如此诉求之下造成了设计者追求隐蔽性而如厕者却四处求厕不得的现实，这样的现实需要设计者重新审视公共厕所的隐蔽性与可达性的关系。通过审视，不难发现以上两方面的诉求来源于以往对厕所丑、臭、脏、乱的主观印象，而新时代、新技术、新管理下的公共厕所早已与这些“代名词”毫无瓜葛。如今公共厕所选址的隐蔽性更主要是基于心理感知的一种主观意愿，其重要性理应让位于交通的可达性，因此其与可达性不存在根本对立的冲突，可通过具体设计的心理考量得到化解。

为提供高质量的如厕服务，公共厕所选址的可达性良好毋庸置疑。可达性好的主要包含两方面的内容：一是要考虑到达其位置的交通路径的便捷性和直接性，即要能以最简单、最直接的方式在尽可能短的时间内到达；二是要设置显而易见的标志标识，方便寻找和导引，缩短到达时间。公共厕所选址的良好可达性的最理想状态是：厕所显而易见，到达时间心中有数，到达路径一目了然。

3.1.2.2　环境同构原则

任何建筑均处于一定的场地环境之中，建筑理应对场地环境做出积极的应对，与环境保持怎样的关系是建筑设计要考量的主要问题之一。从广义角度来看，建筑本身便是人与环境关系的再创作，建筑与环境之密切尤以景观建筑、园林建筑为最，独立式公共厕所也不例外。可以说，场地的立地条件是建筑创作的内因，场所犹如指纹于人一样对建筑创作具有唯一性和独特性的启发价值。建筑如何介入场地，属性如何整合，体验如何塑造等，均取决于设计者的再创作。真实的建筑理应由场地自然生长而出，建筑务求与环境保持积极的关联，对原环境进行必要的美化和优化，与其共同构建和谐之美。至于具体采用怎样的关联手法，或藏、或显、或断、或连、或嵌、或露、或轻、或重……均应因地而异、量体裁衣、随机应变，以实现原环境的超越为佳。

在独立式公共厕所的设计中，建筑与场地的天、地、气、水、植物等要素都有着千丝万缕的联系。原环境通过建筑的介入形成新的平衡，以新的景观特征示人，达到环境同构的目标。

3.1.2.3　成本最低原则

单就建筑的建造成本而言，平地上建造明显比山地、滨水等用地条件上建造节省很多。选择靠近基础服务设施的位置，独立式公共厕所便会在给排水、供电、运输等建造成本上存在明显的优势。虽然公共厕所是公共产品，公共服务性是其核心价值，但其服务性的提升与建造成本高低并不矛盾，以最小的项目消耗和最低的资源占用达到提升产品公共服务性的目标，恰恰与社会可持续健康发展的战略目标相匹配。

此外，成本最低绝非以一次性工程投入的多寡而定，其是一种长期持续的成本控制目标，是追求建设和使用全过程综合成本的最低化。科学合理的选址可降低改天逆地的非理性投入所带来的不必要成本浪费。选取风向条件良好、小环境气候稳定、基础设施健全、地质条件良好的位置建造公共厕所，……诸如此类的选址原则本身就是降低建筑能耗、减少后期维护成本的必然选择。因此，成本最低的考虑应当贯彻公共厕所选址—建造—维护的全过程中，以核算建设、维护、管理全过程成本最低为设计准则。

3.1.3　优化布局举措

3.1.3.1　以优化外部环境为先

独立式公共厕所建筑单体所处场地环境的空间形态犹如遗传基因一样，每一处均有独一无二的空间特征，这些场地特征如能善加利用将会对建筑设计本身起到事半功倍的作用。场地环境形态的特征与地势地貌、植被状况、采光条件、气候风向，乃至季节变化等时空因素有着直接的关联，设计者只有亲临现场才能感知场地环境的形态特征。设计者只有通过切实的现场感知才能把握其空间属性与形态特征，通过反复踏勘现场获得对场地环境空间形态的第一感知，并以脑海中大致勾勒的初步建筑方案的虚拟影像投射于现场环境之中，以初步决断建筑与环境之大体关系。建筑立地环境的空间形态特征对建筑设计创作而言有利有弊，其在有利于启发设计构思的同时又在一定程度上反向束缚了设计的创造力。同一设计要素的不同形态、多要素的空间围合……诸多形态要素对设计者而言都是难能可贵的创作灵感之源泉。如何才能扬长避短实现建筑与环境空间形态要素的再创作，需要设计者对环境空间要素的形态特征有准确的感知与判断，进而对设计全局进行有效地把控和规划，才能以契合环境的建筑形态实现对原环境的超越。

芦原义信在《外部空间设计》一书中认为外部空间不是无限延伸的自然，应将其作为“没有屋顶的建筑”进行考虑，也就是对水平面和垂直面两种空间维度的物质要素进行组织和限定。因此他认为在建筑设计过程中，平面规划布置是比其他什么都重要的设计，设计之初要对什么地方布置什么东西进行充分的研究和仔细的推敲，这便是总图设计阶段需要仔细推敲的内容。可见在创作构思的总图设计阶段，对环境空间形态的感知与决断是设计根本。这一阶段是进入建筑单体设计的基础，主要通过合理的建筑体块布局及大致的功能安排以虚拟现实的手段使建筑积极介入环境之中，在不断的调整中实现建筑与环境的优化配置。

独立式公共厕所建筑多采用集中式布局，以独栋建筑的姿态出现在环境之中，即便有采用分散式布局的，其建筑单体也不会超过三栋，且体量较小。因其建筑体量较小，其与外部环境的对话除了借景、障景等手法对远景、中景进行设计考量外，其与环境密切对话的范围基本保持在建筑周边的小环境之中，多数范围不会超出方圆百米。

公共厕所建筑置于小环境之中，需与外部环境中诸如树木、水体、岩石、土壤等各物质要素进行直接对话，并在对话过程中构建稳定的空间形态。对环境形态特征较为明显的场地而言，其形态特征很容易被设计者感知，我们可视其为积极型环境。设计者于此环境中往往能第一时间感悟并提炼出较为明确的空间特征及其形式语言，并可直接应用于建筑创作之中。此类场地应以顺应环境形态的设计手法与原环境取得景观同构，为原环境景观增姿添彩。相反，对于一些外部环境形态特征较为隐晦的场地而言，设计者较难把握其形态特征，可视其为消极型环境。此类环境的空间形态一般较为发散，没有明确的秩序和中心，设计者往往需要对原环境进行必要的调整，以调动建筑与外部环境的积极对话，重新构筑环境形态特征，才能实现对原环境的景观超越。

总之，独立式公共厕所布局首先要考量与原环境形态特征的对话，建筑与环境无论采取怎样的对话形式，设计者均须谋求建筑以怎样的形体、怎样的色彩、怎样的质感以及怎样的形态意识介入原环境之中，实现原环境景观价值、生态价值的优化与提升。

3.1.3.2 活动式厕所对服务半径进行补位

前面对独立式公共厕所服务半径的阐述表明，理性服务半径是250~300m，在实际使用中公共厕所的布局多数会依据具体环境条件呈不均匀分布状态，如厕公益性受到一定的损害。公共厕所使用不均的状况是十分常见的，如在公园的入口区、候车地、主要游览步道、道路交汇处、大型集散广场、集中休息区、儿童活动区、游客服务中心、主要景点附近……这些游客密集、停留时间长的区域，公共厕所使用率较高，如厕需求也较大。而一些开阔地、水域、偏远景点等游客稀少、停留时间短的区域，公共厕所使用率较低，如厕需求相对较小。针对如厕需求不均的情况，单纯依靠固定式公共厕所提供如厕服务，成本投入是难以想象的，此时以活动式厕所对如厕需求小的地区进行服务半径的补位不失为上佳之选，既可以确保如厕服务的公益性不受损害，又可以降低建设与维护的成本投入。

3.1.3.3 与外部交通进行串接

公共厕所与外部交通的连接方式基本可以分为三类：串联式、通过式、尽端式（图 3-2）。串联式和通过式因其如厕者交通方向与外部人员流动方向保持一致，如厕人员形成单向流动，进出人流自然分开，在一定程度上可缓解如厕时拥挤排队的现象，提升公共厕所使用效率。而尽端式的连接方式，其进出均由一条路径解决，虽然有建筑退隐在侧不对主要交通造成影响之优势，但在实际使用过程中，往往受到连接道路路幅大小、路线长短等因素影响，在进出人员较多情况下容易造成往返厕所的交通拥堵，从而降低了公共厕所的使用效率。

因此，公共厕所如厕交通流线应当与外部交通形成串联式和通过式的串接方式，以积极的交通方式与游览步道对接，以提升公共厕所的使用效率（图 3-3、图 3-4）。

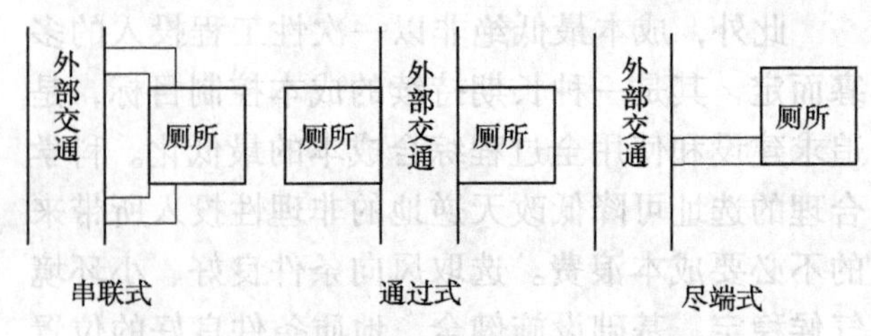

图3-2 公共厕所与外部交通的三种连接方式

图3-3　日本代代木公园5号公共厕所与外部交通的串联式连接

图3-4　日本日比谷公园2号公共厕所内部的通过式交通

3.1.3.4　预留临时移动厕所的场地

在人员密集处选址建设公共厕所时应预留一定的空间，用以临时放置移动卫生间以作为旅游旺季时增设临时厕位的补充。因此，在设计建设时，对那些如厕需求变量较大的公共厕所，应预留部分室外场地用来放置临时移动厕所，并将场地组织进总体设计之中。在对场地做好硬化处理的同时做好场地的内外交通衔接及场地的排水组织，甚至要预留一定的水、电接口，方便移动厕所的使用。

3.2　厕位配置合理

公共厕所的布局强度根源于厕位综合配置能力，即厕位的有效供给总量。在我们日常出游时，经常能看见公共厕所的女厕门口排着长队，而一壁之隔的男厕门前却门可罗雀。究其原因，有厕位配置不合理的因素在内，也有厕位配置数量不足的原因。因此，如何配置合理的厕位数量便是设计者在合理选址布局之后对厕位强度的考量。

3.2.1　合理的厕位比例

男女厕位的比例及数量是衡量公共厕所服务容量的标准。我们在公共环境中经常见到女子如厕排长队的现象，抛开厕位数量不足的因素，很大程度上是公共厕所中男女厕位比例不当造成的。通过对使用人群的调查，发现使用公共厕所的男女比例基本保持在1:1，由此可见，使用人群的性别差异并不是影响厕位配置比例的主要因素，男女如厕时间的不同才是其根本原因。有研究表明男女大便所用的时间几乎一致，约为300s。而男性小便的平均时间约为40s，女性约为90s，其如厕时间是男性的2倍多。我国现行的规范对男女厕位比例不低于1:1.5的要求，主要是基于男女使用厕位的方式与时间不同采用的公平性保障。在《标准》中对男女厕位比例有较为详细的规定，即对人流集中场所，规定男女厕位比例不得小于1:2；对非人流集中的其他场所男女厕位比例更是给出了具体的计算公式：$R=1.5w/m$，其中R是女厕位数与男厕位数的比值；1.5是女性与男性如厕时间的比值；w为女性如厕人数，m为男性如厕人数。各个地方对此也有不同的规定，如上海市新出台的《公共厕所规划和设计标准》规定男女厕位配置比例最大可达到1:2.5。虽然不同地区对公共厕所的如厕品质要求有高有低，男女厕位比例不尽相同，但就整体社会而言，比例过大或过小都不利于发挥公共产品的最佳效能。

比例是否合理，我们可以采用以上的如厕时长数据，以每日12h使用时长为限，每日计1次大便、5次小便进行如下计算：

（1）男卫生间小便需求使用系数计算

男卫生间小便需求使用系数=每小时人均小便次数/每小时每厕位可服务人次

每小时人均小便次数＝每日白天小便次数/12h=5/12＝0.42次/h

每小时每厕位可服务人次＝3600s/平均小便时长（s）＝3600/40＝90次/厕位

则：男卫生间小便需求使用系数＝0.42/90=0.0047厕位/h

（2）女卫生间小便需求使用系数计算

女卫生间小便需求使用系数=每小时人均小便次数/每小时每厕位可服务人次

每小时人均小便次数＝每日白天小便次数/12h=5/12＝0.42次/h

每小时每厕位可服务人次＝3600s/平均小便时长（s）＝3600/90＝40次/厕位

则：女卫生间小便需求使用系数＝0.42/40=0.0105厕位/h

（3）男女卫生间大便需求使用系数计算

男女卫生间大便厕位使用系数=每小时人均大便次数/每小时每厕位可服务人次

每小时人均大便次数=每日大便次数/24h=1/24=0.04次/h

每小时每厕位可服务人次=3600s/平均大便时长（s）=3600/300=12次/厕位

则：男女卫生间大便厕位使用系数＝0.04/12=0.0033厕位/h

综合所述，可知男卫生间总厕位使用系数为0.0047+0.0033=0.0080厕位/h，女卫生间总厕位使用系数为0.0105+0.0033=0.0138厕位/h，男女厕位需求比为0.0080/0.0138=1:1.725。由此可见，现行规范中规定的男女厕位比例原则上是满足男女如厕生理需求的。但何以现实中女性如厕难的问题依然存在呢？这主要有两方面的因素需要加以考虑：①在实际出游中女性占比往往比男性多一些，这主要是女性平均寿命长于男性，以及其承担的远比男性更多的家庭事务等因素有关；②男卫生间内有时是以小便池的形式设计小便位的，这在如厕人员较多时，可以提供比设计厕位更多的厕位服务，而这种挤一挤的现象在女厕是不会发生的。（此外，还有建筑面积方面的因素下文会提到）以上两方面因素将直接影响男女厕位的实际配置。

综合以上因素，并结合不同场所男女如厕者人数比例对厕位使用系数进行修正，因为以上系数来源于男女如厕人数比例是1:1的假定。因此，公共环境中独立式公共厕所男女厕位的比例应当是：在非人流集中区域应不低于R:1.75；人流集中区域应不低于R:2.25，R为使用场所服务人群的男女性人数比例，即R=男性人数/女性人数。

除此之外，还应将无性别厕位和整理台作为公共厕所的必要配置，无性别厕位的设置可以提升公共厕所男女厕位比例的弹性配置，而整理台的配置则可以提升厕位使用效率，以增强厕位周转率，提升厕位使用强度。

3.2.2 合理的厕位数量

影响独立式公共厕所的厕位数量设置的因素是多方面的，最直接的考量便是服务人群总体如厕需求的数量，其次，是每个厕位所能提供的服务强度。每一个厕位单位使用时间内服务人群的多少，及其周转频率即使用次数的多少，称为厕位服务强度。

就厕位总体数量的供给而言，其与服务人群的计算方式有关。在《标准》第4.2中通过详细的调研，对此计算方式有详尽的规定，也是我们设计的依据所在。在随后的条例说明中阐述了公共厕所单个厕位服务人数在不同场所是不同的，主要取决于人员在该场所停留时间的长短。比如街道上人们停留时间短，而海滨浴场里人们停留时间长，所以，街道的单个厕位服务的人数远大于海滨浴场的单个厕位的服务人数。这样的条例说明对如厕需求服务是准确的，但对公共厕所服务强度而言，此说明却有失精准。因为说明中混淆了一个概念，厕位服务强度究竟指的是人群还是人次。浴场中的同一名游客上过一次厕所还能再上吗？或者说是一个厕位能不能为同一名游客提供多次如厕服务？显然答案是肯定的，厕位服务不是特定的人数，而是提供如厕需求的服务次数，因此，以人次定义其服务强度较为合理。在《标准》4.2 中还可以看到，在以交通、休闲活动为主要内容的场所，男女厕位数量提供比例保持在（1.4~1.5）:1，而在商场、超市、餐饮等商业活动集中的区域，男女厕位数量提供比例则在 1:2 左右。这样的差异主要是考虑场所活动性质不同，参与其中的人群其男女比例必然不同。如逛商场的以及在商场停留时间较长的人群中女性比例明显高于男性；而在体育场所、高铁站、汽车站等运动、公务性质的场所活动人群中多数以男性为主；对于承载日常休闲活动为主的旅游目的地内的活动人群，其男女比例则相对较为均衡，基本保持在 1:1 左右。

对于户外独立式公共厕所而言，其主要服务对象是一定时间内、一定区域内所有人群如厕需求的总和。在依据《标准》4.2.1 至 4.2.5 规定进行厕位数量计算时，应该以如厕需求计算进行复核，二者取其高值。以某公园内某核心景点处厕位数量计算为例，分别以两种方式计算，其中的区别便可一目了然。

假定此核心景点处每日的游人容量为 4000 人次 / 日（此计算方式有相应的规范进行计算，故不在本书中进行考虑），游客在该景点处平均停留时长为 1h。因景点为日常旅游休闲活动地，故可暂定其男女游客比例为 1:1，男女游客各计 2000 人次 / 日。

（1）规范计算法

依据《标准》4.2.1 规定公园，男厕位数量标准为 1 厕位 /200（人次 · 天）（标准中的人数我们以人次计之），女厕位的标准为 1 厕位 /130（人次 · 天）。则该处厕位数量为：男厕位 2000/200=10 厕位，女厕位 2000/130=15.4 厕位。

参照 3.2.1 节对人流集中区域男女厕位比例不低于 R:2.25 的建议，R=1 的情况下，本处厕位数量应设计为：男厕位 10 个，女厕位 23 个。

（2）如厕需求计算法

依据 3.2.1 节男女厕位需求系数计算，则男厕位为 2000 × 1h × 0.0080 厕位 /h=16 厕位，女厕位为 2000 × 1h × 0.0138 位 /h=27.6 厕位。

参照 3.2.1 节规定人流集中区域男女厕位比例不低于 R:2.25 的建议，已知 R=1 情况下，本处厕位数量应设计为：男厕位 16 个，女厕位 36 个为宜。

由以上计算可知，二者的计算结果存在一定的差距，这也许正是现实使用中依据规范设置厕位数量时往往满足不了实际使用需求的原因所在。因前者是一刀切的计算方式，没能考量厕位强度，也没能针对不同场所游客停留时间进行计算，虽然计算简便却较为粗放，适用性不足。后者则是依据实际发生的如厕需求以及厕位强度计算的，且能依据不同场所内游客停留时间进行具体计算，具有明显的针对性，适用性较好。

还是上面的假定，如此景点游客停留时间较短，以 0.5h 计，则第二种方式的结果就减少了一半，分别为：男厕位 8 个、女厕位 18 个。此时，第一种计算方式却没有发生变化，由此可见依据实际情况的厕位计算可以在一定程度上减少一刀切式的规范计算所造成的不必要的浪费。

因此，在对公共厕所厕位数量进行计算时，应该在遵循国家现行规范的基础上，以如厕需求计算法进行复核：厕位数量（厕位）= 厕位使用系数（厕位 / 小时）× 游客人次（人次）× 平均停留时间（小时 / 人次）。男厕位使用系数为 0.008 位 / 小时，女厕位使用系数为 0.0138 位 / 小时，且计算结果需以满足男女厕位比例不小于 R:1.75 的比例进行调整。

3.2.3　每厕位对应建筑面积

上文提到现实中女厕排队现象还有另外一个面积方面的影响因素，这一因素虽然不影响厕位数量和强度，但对每一厕位对应的建筑面积的大小影响较大（每厕位对应建筑面积 = 厕间的建筑总面积 / 厕间的厕位数量）。这是因为女性在如厕时会更多的在卫生间查看自己的身体、照料幼儿及进行着装整理，在厕所中用于非如厕行为的时间女性会长于男性。有研究表明在同样厕位数量、同样建筑面积、男女如厕人数比例同等的情况下，女性排队的时间是男性的 3 倍。也就是说去除男女厕位使用系数 1:1.75（R=1）外，女性花在非如厕行为上的时间是男性的 1.7 倍左右（3/1.75 ≈ 1.714）。而这一行为基本是在卫生间的整理区域内完成的，虽然不占用厕位面积，但需要占用更多的非如厕空间，即女厕位对应的建筑面积较男厕位对应的建筑面积要大。

独立式公共厕所建筑面积的确定是以每厕位分配的建筑面积指标为计算依据的，《标准》第 3.0.8 条对独立式公共厕所每厕位分配的建筑面积指标依据厕所类别分别进行了明确的规定：一类：5~7m^2；二类：3~4.9m^2；三类：2~2.9m^2。虽说《标准》中并没能直接对男女厕位分配的建筑面积做出具体的规定，但却根据实际需求对建筑面积 70m^2 的独立式公共厕所男女厕位分配的建筑面积做出了明确的规定，并表明严格执行该规定标准有助于缓解女厕排队现象。《标准》第 4.1.5 条规定建筑面积 70m^2 的独立式公共厕所，在男女厕位比例分别是 1:2 和 2:3 时，女厕分配的建筑面积分别是男厕分配的建筑面积的 2.39 倍和 1.77 倍。去除厕位比例的因素，可以看出女厕位分配的建筑面积与男厕位分配建筑面积的比值基本相当，前者是 1.19 倍、后者是 1.18 倍。

可见，为确保合理的厕位强度，在建筑设计中还应对男女厕位每厕位分配的建筑面积进行明确的规定，每厕位分配建筑面积应以《标准》第 3.0.8 条规定为准，依照独立式公共厕所不同类别采用不同的标准，但同时应以男女厕位每厕位分配建筑面积比 1:1.2 进行调整。

复习思考题

1. 公共厕所选址需要关注哪些问题？
2. 简述公共厕所厕位概念。
3. 简述公共厕所厕位强度内涵及计算方式。

推荐阅读书目

1. 图解洗手间设计与维护.（日）坂本菜子. 乔春生，张培军译. 科学出版社，2001.
2. 扫除道.（日）键山秀三郎. 陈晓丽译. 企业管理出版社，2018.
3.《城市公共厕所设计标准》(CJJ 14—2016).

第4章 独立式公共厕所设计细则

建筑设计的终极目标是功能性和审美性，设计主要内容包含了功能、技术、形式、环境四类要素，设计的本质是组织并构建各要素之间的关系，这种关系是一种平衡的结果。因此，在功能与审美之间构筑怎样的一种平衡，对建筑设计而言是非常重要的，也是不同建筑设计思想的区别所在。

4.1 空间与形式

建筑最本源的认知是将有形的实体从无限的虚无中分割出可认知的虚无，简而言之，就是以有分割无的结果。《红楼梦》书于太虚幻境牌坊上的对联：假作真时真亦假，无为有处有还无，初步点明了有与无之间的互为关系。老子《道德经》有云：埏埴以为器，当其无，有器之用。凿户牖以为室，当其无，有室之用。故有之以为利，无之以为用。可以说是建筑创作在有与无之间的清晰认知，是建筑空间与形式的经典解读。

4.1.1 空间认知

《现代汉语词典》解释：空间是物质存在的一种客观形式，由长度、宽度、高度表现出来。空间是自由的、无限的、流动的，建筑空间是一种特殊的自由空间，是由设计师在无限的自由空间中通过三维手段分割出来的，可以说当空间被认知并成为设计对象时，建筑设计才真正开始。

戈特弗里德·森佩尔（Gottfried Semper）认为建筑的基本特性是空间的围合，这一围合理念对现代建筑影响深远，随后卡米洛·西特（Camillo Sitte）将空间的围合概念应用到了城市空间之中，把建筑外部空间从城市的角度也理解为围合的空间。叔本华（A.Schopenhauer）进一步巩固了康德（Immanuel Kant）所提出的空间是先验的学说，提出建筑主要通过人的空间感知而存在，符合其先验性的思想。阿道夫·希尔布兰德（Adolf Hildebrand）认为：空间是艺术的主题，空间具有连续性，空间内部是动态的，这个对空间关于连续性和运动性的描述，揭示了现代建筑设计提倡流动空间的根源所在。

建筑空间是人们为了满足生产或生活的需要，运用各种建筑要素与形式所构成的内部空间与外部空间的统称，它是自由的、流动的、可认知的。在公共建筑设计中，为便于设计可将其划分为目的空间和辅助空间，目的空间即该建筑的各种使用功能空间，独立式公共厕所内的如厕、整理、清洁、管理、衍生服务均属于目的空间；辅助空间则是建筑内的走廊、楼（电）梯、门厅、储物、设备等为功能目的作辅助服务的空间，独立式公共厕所内的门厅、交通、设备、储物均属于辅助空间。空间的不同形状、比例、尺度、限定都会给人带来不同的感受（图4-1、图4-2、表4-1）。

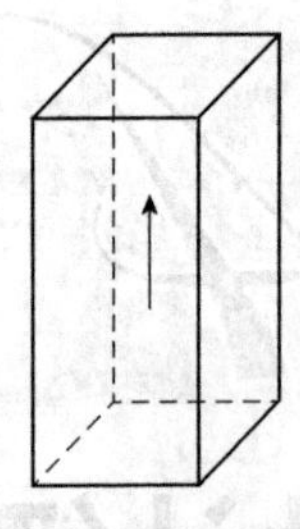

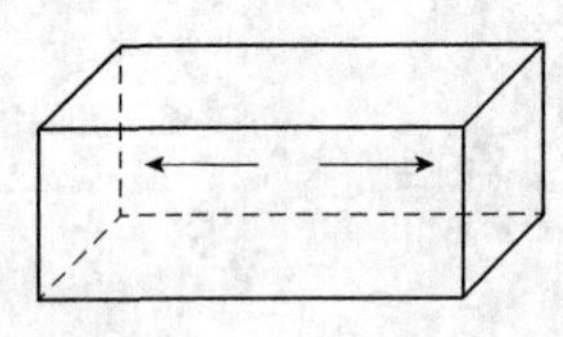

A. 长方体空间有明显的方向性，水平长方体有舒展感，垂直长方体有上升感

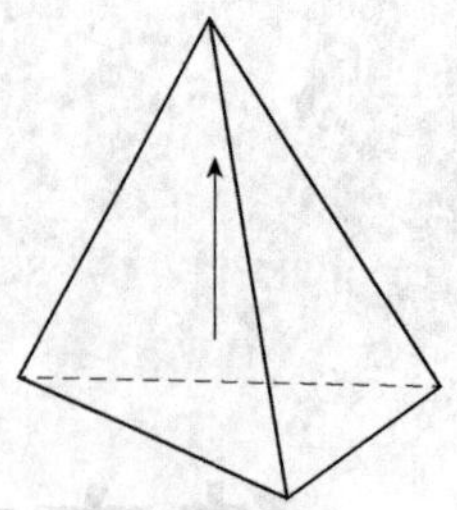

B. 三角锥形空间有强烈上升感

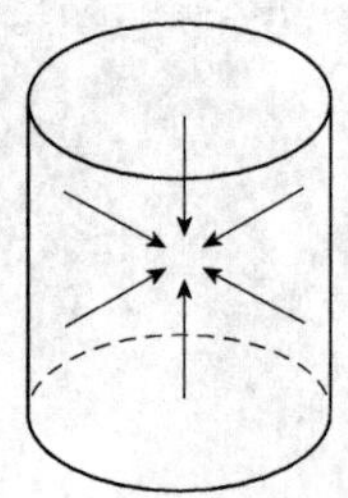

C. 圆柱形空间有向心性团聚感

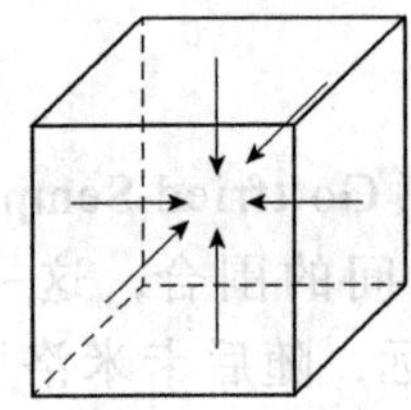

D. 正六面体空间各向均衡，具庄重严谨感

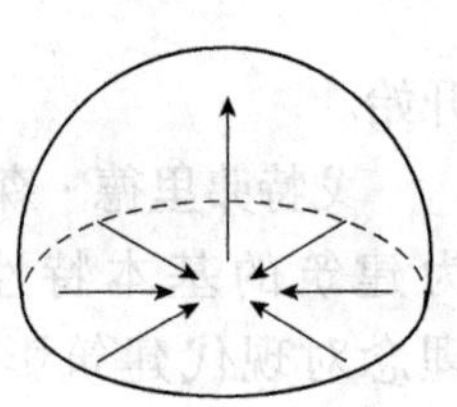

E. 球形空间有内聚性，有强烈封闭压缩感

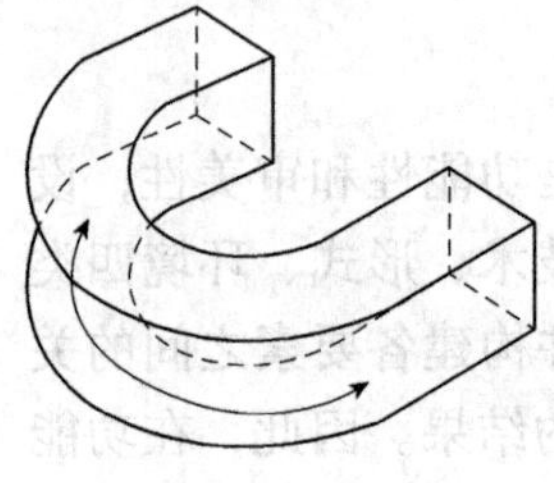

F. 环形空间具有明显的指向性和流动感

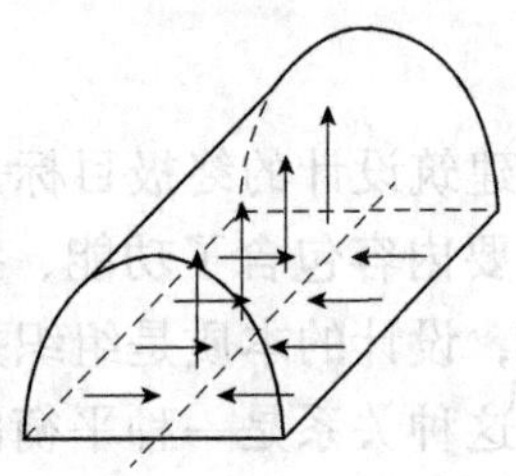

G. 拱形剖面空间有沿轴线聚集的内向性

图4-1　不同空间形状会产生不同的空间感受

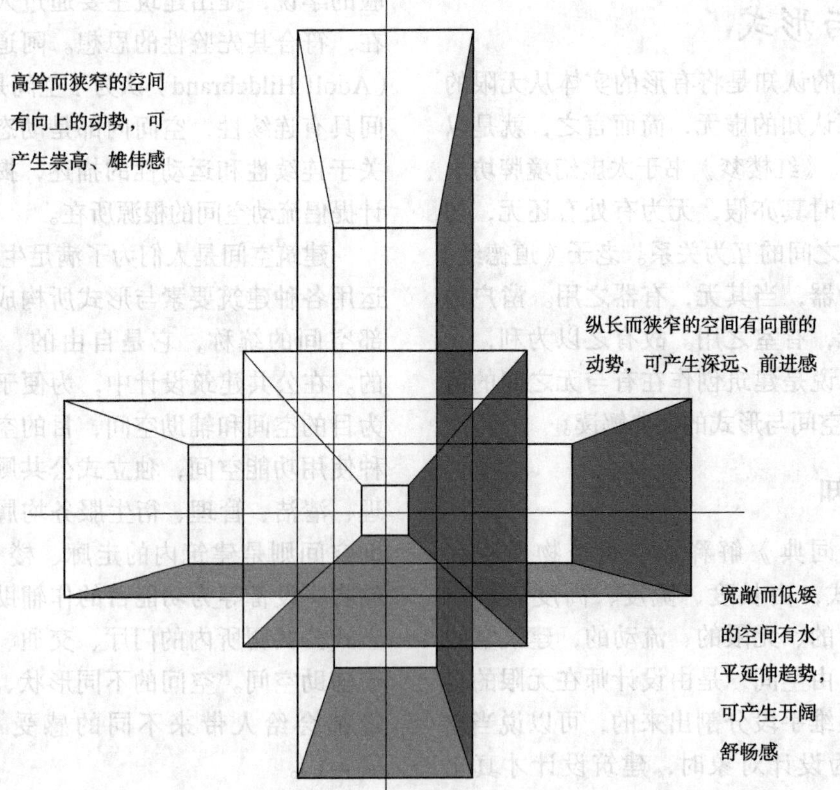

图4-2　不同比例的空间产生不同的空间感

表 4-1　空间界面上不同洞口位置带来的空间感受

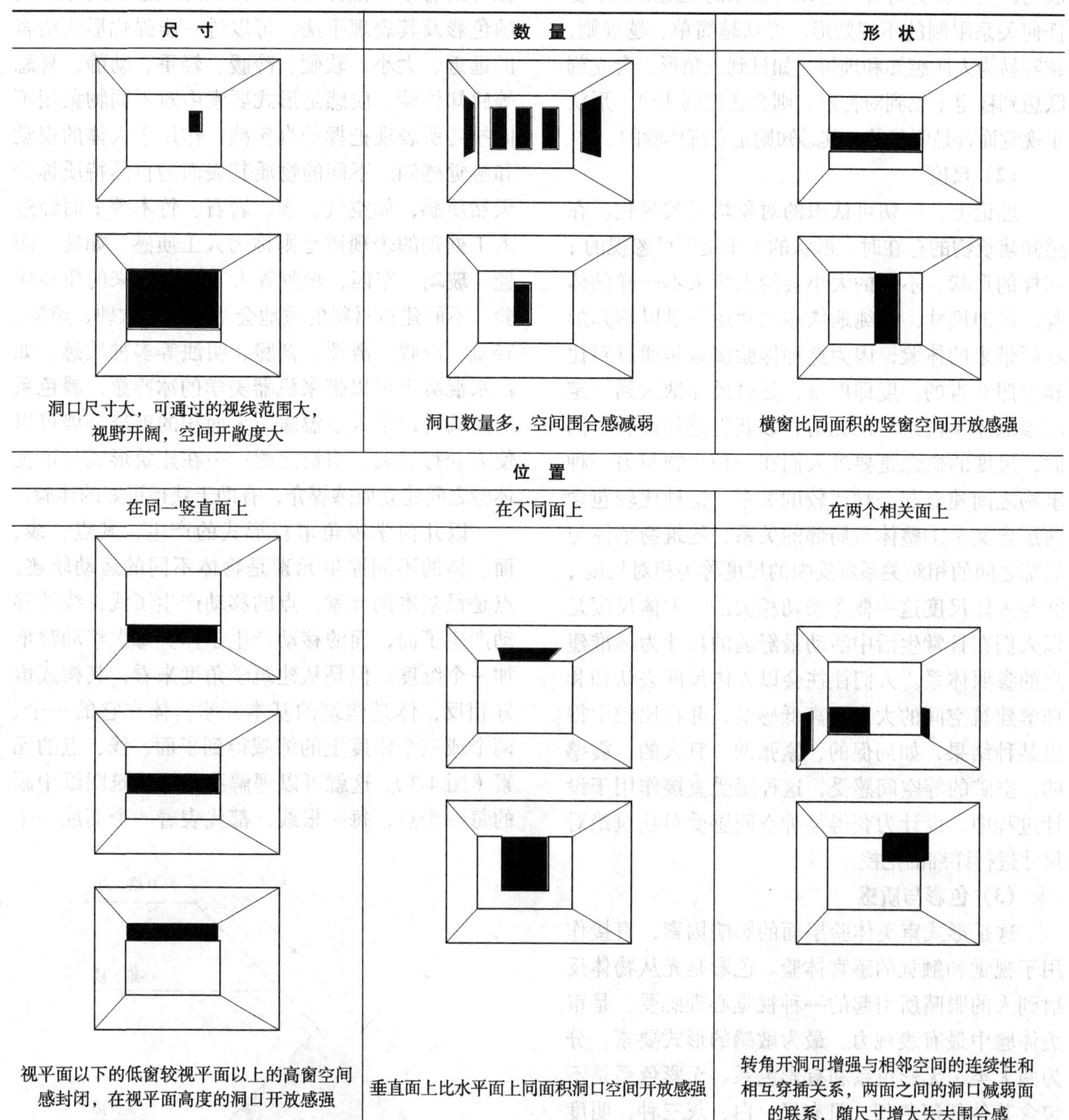

尺寸	数量	形状
洞口尺寸大，可通过的视线范围大，视野开阔，空间开敞度大	洞口数量多，空间围合感减弱	横窗比同面积的竖窗空间开放感强
位置		
在同一竖直面上	在不同面上	在两个相关面上
视平面以下的低窗较视平面以上的高窗空间感封闭，在视平面高度的洞口开放感强	垂直面上比水平面上同面积洞口空间开放感强	转角开洞可增强与相邻空间的连续性和相互穿插关系，两面之间的洞口减弱面的联系，随尺寸增大失去围合感

4.1.2　形式

有是感知无的手段，建筑空间的存在是通过有的标定和分割表现出来的。有本身具有其自身的存在方式，即有的实体必然有其形式的表现。形式的表现包含：形状、尺度、色彩与质感等因素，这些不同属性的形式因素时刻标定着建筑空间的视觉属性，是建筑师在设计过程中能够直接使用的设计语言，是感知建筑空间的图式语言。

（1）形状

形状是形式最主要的可辨认的物态化特征，是由物体的外轮廓或有限空间虚体的外边缘线或面构成的，其可分为符合一定几何关系的规则形和不受任何关系限制的不规则形。形状越简单、越规则，越容易为人所感知和理解，如见到三角形，会立刻联想到稳定；见到对称形，则会联想到庄严。形状于视觉而言是明确的，其感知则是心理体验的。

（2）尺度

理论上，一切可认识的对象均可被量化。在感知建筑物的存在时，形状的大小是不可忽视的；同样的形状，不同的大小会给人带来不一样的体验。尺即尺寸，单纯地依靠尺寸还不足以感知形状所带来的体验，因为这种体验多数是通过对比和参照获得的。度即度量，是将尺寸纳入到一定的参照体系内进行的比对，以获得感知体验。因此，尺度的概念是要求人们在一种事物与另一种事物之间建立起一种比较的关系。这种比较包含两层含义：①整体与局部的关系，建筑物整体与局部之间的相对关系所反映的尺度称为相对尺度；②与人体尺度这一概念密切相关的，人体尺度是以人们在日常生活中活动最舒适的尺寸为标准建立的参照体系。人们往往会以人体尺度去认知和理解建筑空间的大小与高低感受，并在比较中得出某种结果，如局促的、紧张的、宜人的、震撼的、空旷的等空间感受，这种感受直接作用于设计过程中，设计为获得某种空间感受对建筑绝对尺寸进行详细的把控。

（3）色彩与质感

这是形式审美体验层面的影响因素，直接作用于视觉和触觉的感官体验。色彩是光从物体反射到人的眼睛所引起的一种视觉心理感受，是审美体验中最有表现力、最为敏感的形式要素，分为两大类：无彩色系和有彩色系。无彩色系是不包含其他任何色相，只有黑、白、灰三种，明度是唯一属性。有彩色系的颜色具有三个基本属性：色相、纯度、明度，这三个要素是不可分割的，应用时须同时加以考虑。色彩按字面含义上理解可分为色和彩，所谓色，是指人对进入眼睛的光并传至大脑时所产生的感觉；彩则指多色，是人对光变化的理解。色彩本身并无差别，但由其引发的心理联想千差万别，考察色彩关系的基本特征可以有助于设计目标和意义的表达。通过不同的色彩及其表现手法，可以进一步强化形式语言的远近、大小、软硬、冷暖、轻重、动静、喜悲等感知体验。质感是形式要素中对不同物象用不同技巧所表现把握的真实感，作用于人体的视觉和触觉感知。不同的物质其表面的自然特质称为天然质感，如空气、水、岩石、竹木等；而经过人工处理的表现质地则称为人工质感，如砖、陶瓷、玻璃、布匹、塑胶等人工材料带来的质地体验。不同建筑材料的质地会给人带来软硬、虚实、轻重、冷暖、滑涩、韧脆、明浊等多种质感，如清水混凝土可以带来机器美学的冰冷感，暖色系的砖墙可以给人以温暖，大面积的玻璃幕墙可以使人获得轻爽、明快之感……在建筑形式与审美体验之间建立质感媒介，有助于获得更好的体验。

以几何学视角审视形式的产生，其点、线、面、体的不同原生元素是物体不同的运动轨迹，点是最基本的元素，点的移动产生了线，线的移动产生了面，面的移动产生了体。每次移动都增加一个维度。但是从建筑学角度来看，其构成恰好相反，体是建筑的基本元素，体在它的一个、两个或三个维度上的缩减得到了面、线、点的元素（图 4-3）。这就可以理解我们在建筑图纸中画的每一个点、每一根线，都代表着一个面或一个

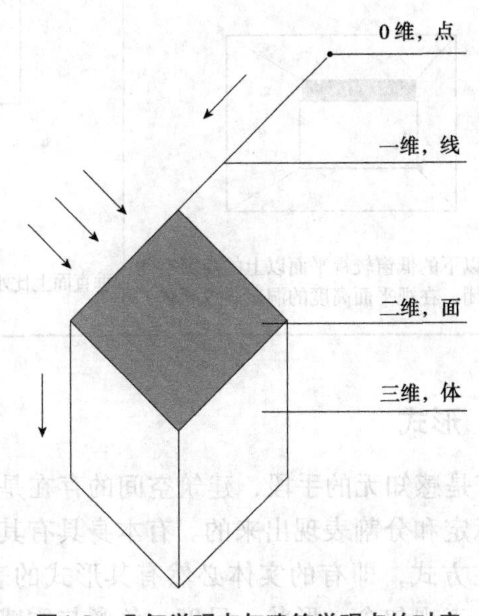

图4-3　几何学观点与建筑学观点的对应

体，这是因为实际建造的建筑中任何的元素都是有体积的，所以，培养建筑学的视角看待原生元素对设计活动极为重要。

4.1.3　空间与形式构图基本范畴与法则

建筑是空间与形式的艺术，二者不仅构成了建筑的本体，同时也是建筑表达其艺术诉求、设计思想、文化含义和人文价值观的重要媒介。建筑形式与空间设计中的一个基本领域，就是全部的形式与空间要素聚集在建筑中所呈现的视觉效果。建筑设计语汇有一个重要的特点，那就是在建筑艺术的创作和表达过程中，任何美好的思想与理念在没有找到恰当的视觉表现形式之前都是无法言传的。换言之，建筑艺术是需要物质形态的媒介来表达的，直接的视觉效果和体验是某种设计思想的最终归宿。

建筑是为了实现一定的功能，对功能所对应的建筑空间进行组织和分类过程，不同的组合方式反映出不同要素（包含形式和空间的全部要素）之间的不同“关系”，呈现不同的建筑体验，对这些体验进行归纳与总结便会形成一定的具有指导意义的构图原理。

4.1.3.1　基本范畴

构图基本范畴是建筑形态中首要、直观和特有的要素，同时也是建筑师实现和协调形体组合的基本手段。

（1）对称与非对称

建筑史表明，建筑艺术在某种意义上是建立在对称性的美学基础上的。现代建筑出现以前，非对称性的建筑多被认为是怪诞的，需要做出某种解释。布鲁诺·塞维（B. Zevi）在《现代建筑语言》中提出，非对称性是现代建筑设计的首要要素，可以说，现代建筑出现后非对称性成为了现代建筑的基石。随着设计美学多元化的发展，对称性与非对称性不再标识建筑的时代性，已成为建筑师的设计手段之一被广泛采用。

（2）比例与尺度

建筑艺术的表现力与美学的很多特征均起因于比例的运用，主要是因为建筑形体的几何形状以及建筑中的每个形体要素都要有尺度的控制。数字时代人们更喜欢探寻美学的数字标准，建筑美学尤是如此。建筑师在设计的海洋中不断探索相似、均衡、夸张、突变等美学结构的数字秩序，这其中曾一度被誉为神的比例的黄金分割比（1∶0.618）尤为设计师所钟爱。比例与尺度把控的实质是排列规律的韵律和节奏表现，建筑师对尺度感的建立是跨入建筑艺术殿堂的一道门槛。需要注意的是，建筑的比例与尺度不单单是数字美学的表现，很多时候，建筑的结构与材料等工程性因素对此也起到决定性的作用。

（3）对比与微差

对比是性质相同但又存在明显的差异，如大小、轻重、方向、秩序之间的反差。微差则是指尺寸、形式、色彩等彼此相似，仅在细节上有微小的区别，反映的是变化的连续性和艺术性。这种范式只有在肉眼视觉可直观察觉的情况下成立，靠仪器分辨出的对比与微差是没有任何建筑艺术表现力的。

（4）韵律与节奏

同一要素的重复及秩序可以带来建筑艺术的韵律与节奏，韵律来自于简单的重复，建筑中经常表现为窗与窗间墙、长廊等均匀交替布置；节奏则是较为复杂的重复，表现为不均匀的交替布置，有疏密缓急的秩序安排。

4.1.3.2　基本法则

由于建筑的综合性和多目的性，建筑的艺术表现呈一种并列的层级思想。对这种并列思想众所周知的表述是“保持建筑的坚固、美观、实用”（维特鲁威《建筑十书》），以及亨利·沃顿爵士（Sir Henry Wotton）在《建筑要素》中提出的：“良好的建筑有三个条件：方便、坚固和愉悦。”

（1）功能法则

沙利文（Sullivan）在 1896 年提出：“全部物质的与形而上学之物……都存在一条普遍法则，即形式永远追随功能（Form ever follows function）。”这条法则对建筑的构图和设计意义重大。从功能角度看，建筑物的实际用途和使用的完整性是建筑艺术的合理目标。虽然对这一法则质疑不断，但不能损害建筑的使用功能是其建筑艺术创作的职业底线。使用完整性和行为逻辑性一旦受到破坏，无论其他方面有怎样的艺术追求，都会给建筑造成无目的、表面化的过失。

（2）重力法则

这是基于视知觉原理提出的，人类所获得的信息有 80% 来源于视觉信息，对建筑艺术表现感知时，人们的心理感受要先于理论分析。心理学研究表明，人们在欣赏一件事物时，最常发现、最主要的度量就是愉悦感的量度，也就是通俗所谓的：美的还是丑的，有趣的还是乏味的，印象深刻的还是平淡无奇的，个性鲜明的还是毫无特色的……这其中贯穿着一种不自觉的审美标准就是均衡。均衡并不等于稳定，而是平衡感，鲁道夫·阿恩海姆（Rudolf Arnheim）在《艺术与视知觉》中认为观赏者视觉方面的反应，应该看作是外在物理平衡状态在心理上的对应性经验。而这种平衡感往往取决于具有“重力优势”的排列，这即在评价建筑艺术时总是在讨论“这里轻了、那里重了”的原因。重力首先是位置决定的，每一个构图都有其中心，设计要素位于中心部位的重力要小于其远离中心时的重力，这就是为什么被公认为美学典范的中外古典建筑立面中位于轴线中心的建筑开间永远大于边缘部位的建筑开间的道理所在，即使非对称性的现代建筑同样遵循着重力法则（图 4-4）。

（3）格式塔（Gestalt）法则

格式塔心理学又称完形心理学，主张研究直接经验（即意识）和行为，强调经验和行为的整体性，认为整体不等于并且大于部分之和，主张以整体的动力结构观来研究心理现象。格式塔心理学作用于建筑学时研究的是图形从背景中分离出来的诸种条件和各种分离的要素组织成一个整体图形时所遵循的原则。人们在观察事物时有一种最大限度地追求内心平衡的倾向，这是一种“格式塔需要”。这种需要使人在观察一个不规则、不完美的图形时总是倾向于将构图中的各种分离的要素朝着有规律性和易于理解的方向上重新组

图4-4　理查德·迈耶设计的辛特拉极简别墅，立面造型与窗户位置体现重力法则

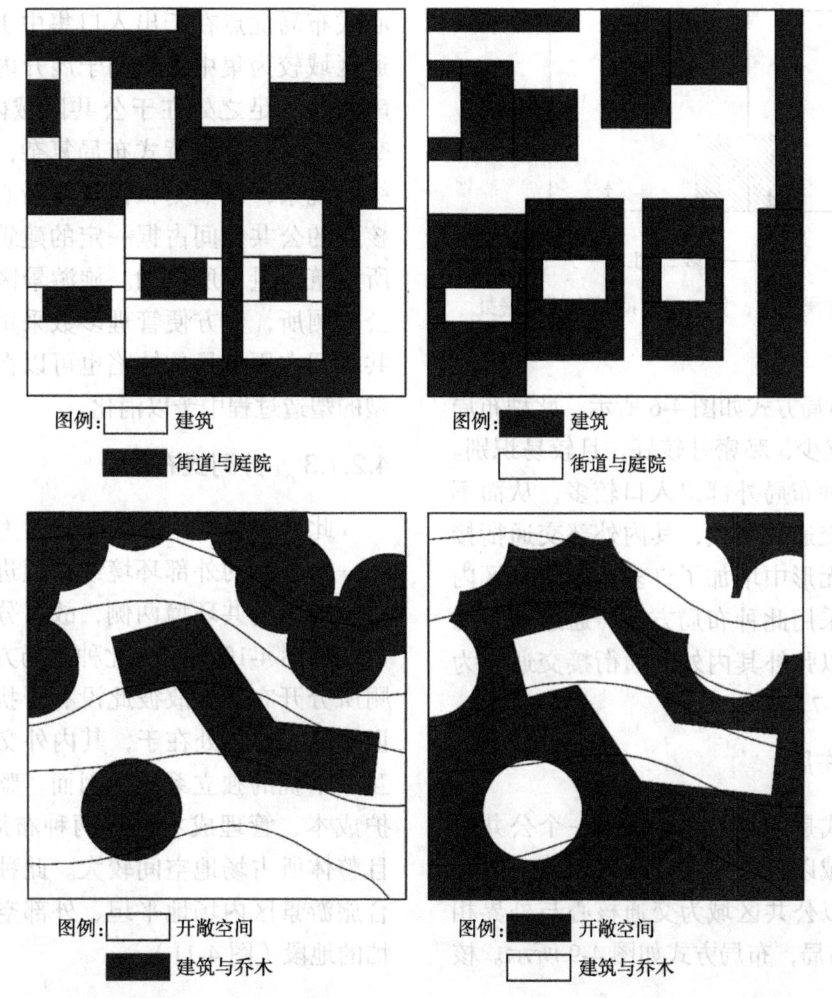

图4-5　传统街区街道与建筑之间的图底关系（上图），园林建筑与环境之间的图底关系（下图）

织，这也被一些心理学家称为“完形压强”。

可以说，完形需要使得图形的组织过程遵循着邻近、类似、共同命运、闭合、最短距离以及完成的倾向性追求的原则。在建筑构图中，经常出现失误在于只将认为“有用的”方面和建筑物实体所占据的位置及其轮廓特征展示给视觉，而对于与之相对应的建筑物之间的剩余空间却视而不见。建筑内部空间与外部空间具有同样的地位，已经是一种共识。芦原义信在《外部空间论》中将外部空间称为室内空间的“逆向”，也就是说没有外部空间与内部空间之分，二者是可以互换的。这对建筑空间设计具有格外的启发作用，除了建筑内部空间外，“逆空间”的大小、位置和图形特征也要满足设计意图，这无疑是合乎格式塔完形性整体观念的。这种观念在建筑设计中常以图底关系进行研究，即建筑是图，周边的立地条件是底，在图与底之间的图形反转中认知建筑与外部空间的整体完形关系（图 4-5）。

4.2　平面功能布局方式

4.2.1　男女厕所整体平面布局

4.2.1.1　背靠背式布局

此种布局方式，男女厕所分列两边，且各自的出入口会相距较远，犹如男女背靠背而立，故称背靠背式布局。背靠背式布局方式中第三卫生

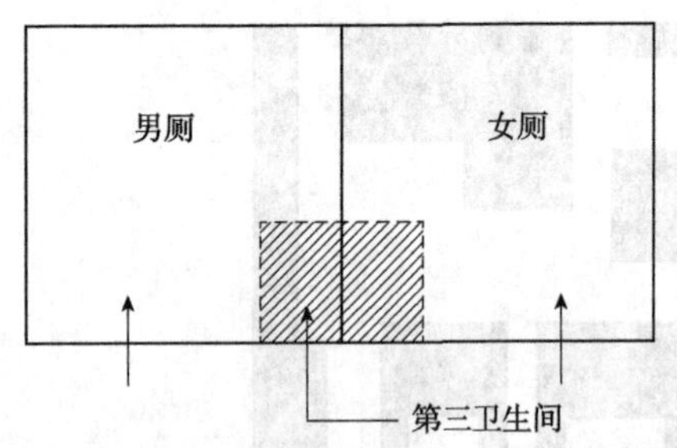

图4-6　背靠背式布局简图，第三卫生间于中间虚线处

间多设于中部，布局方式如图 4-6 所示。此种布局优势在于交通干扰少，私密性较好，且较易识别。不足之处在于此种布局外部出入口较多，从而不利于厕所与外部交通的串接，其内外部交通衔接部分的交通面积无形中增加了许多。游览景区内小型公共厕所常采用此种布局方式，通过适当的交通处理完全可以弥补其内外交通衔接交通较为复杂的不足（图 4-7、图 4-8）。

4.2.1.2　核心式布局

此种布局方式是外部交通先进入一个公共区域，而后由此区域以发散或围合的方式分出男女厕所。男女厕所以公共区域为交通核心与外界相通，故名核心式布局，布局方式如图 4-9 所示。核心式布局优点在于出入口集中于一个空间内，交通区域较为集中，有利于展开内部与外部的交通串联。不足之处在于公共区域内交通流线较多，交通组织较背靠背式布局复杂，容易形成交通流线的混杂，且如厕私密性需精心组织。另因位于核心的公共空间占据一定的建筑面积，使公共厕所建筑体量有所增加。旅游景区内较大型独立式公共厕所，为方便管理多数采用此种布局，其公共空间占用体量的缺陷也可以在建筑设计整体造型的塑造过程中予以消化。

4.2.1.3　分列式布局

此种布局中，建筑以化整为零的群体方式围绕一个公共的外部环境或交通进行组合，男女厕所分列于公共环境两侧，故名分列式布局，布局方式如图 4-10 所示。此种布局方式优势在于男女厕所分开布局，故彼此没有干扰，私密性好、易识别。不足之处在于，其内外交通与建筑围合是互不干扰的独立系统，因而，整体建设成本、维护成本、管理成本较前两种布局方式相对要高，且整体所占场地空间较大。此种布局方式比较适合旅游景区内场地平坦、外部空间开阔且交通繁忙的地段（图 4-11）。

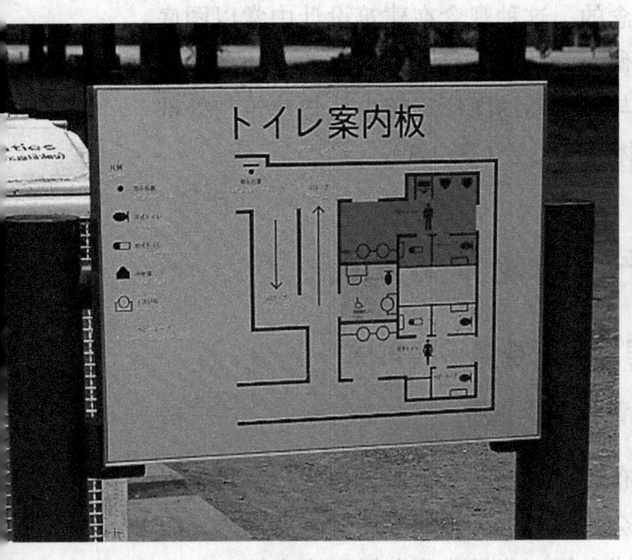

图4-7　日本代代木公园1号公共厕所布局

图4-8　日本代代木公园1号公共厕所内外部交通联系空间处理

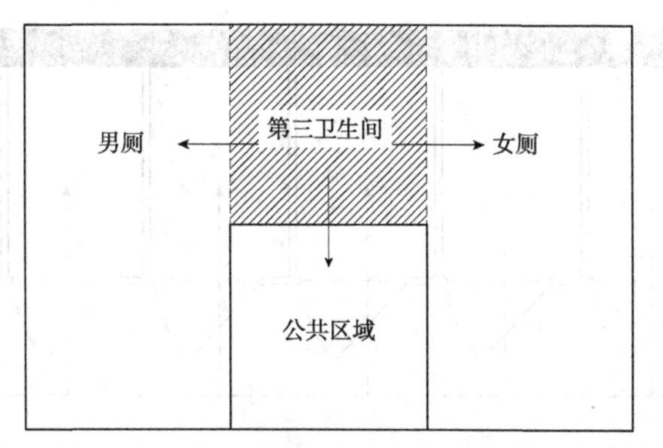

图4-9　核心式布局简图

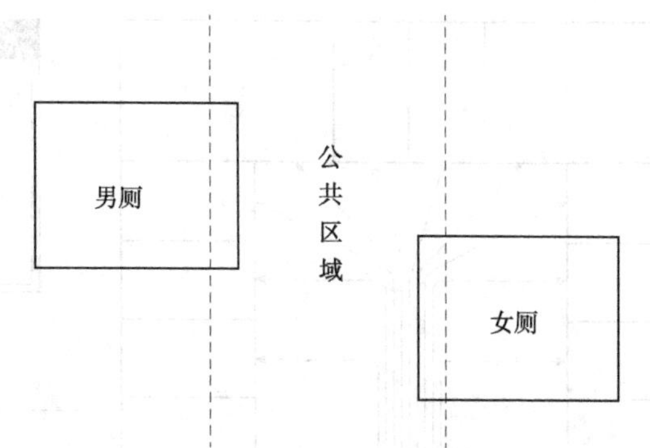

图4-10　独立式公共厕所分列式布局简图

图4-11　日本东京上野动物园某分列式布局的独立式公共厕所

4.2.2　男女厕所内部厕位的布局方式

4.2.2.1　辐射式布局

此种厕位布局方式，如厕先进入厕所的公共空间，而后向各厕位与功能区辐射，如图 4-12 所示。辐射式厕位布局的优势在于厕所内各如厕、整理、清洁等功能区彼此干扰少，交通路线简短、明确、便捷，视线引导一目了然，各功能区交通可达性较为均等。不足之处在于建筑内部的采光通风因布局受到一定的限制，且建筑需要有一定的进深以容纳用来辐射各功能区的公共空间。

4.2.2.2　条带式布局

此种是沿交通流线以线性交通方式组织各功能区的布局方式。条带式厕位布局方式如图 4-13 所示，其布局优势在于建筑进深较小，内部采光通风较辐射式布局更为容易组织。不足之处则是交通流

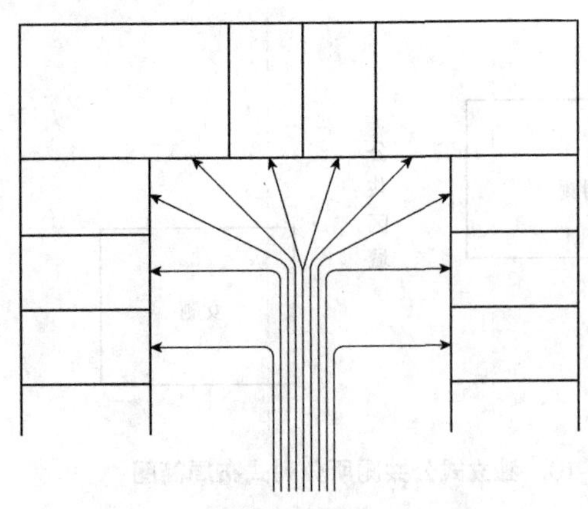

图4-12　辐射式厕位布局简图

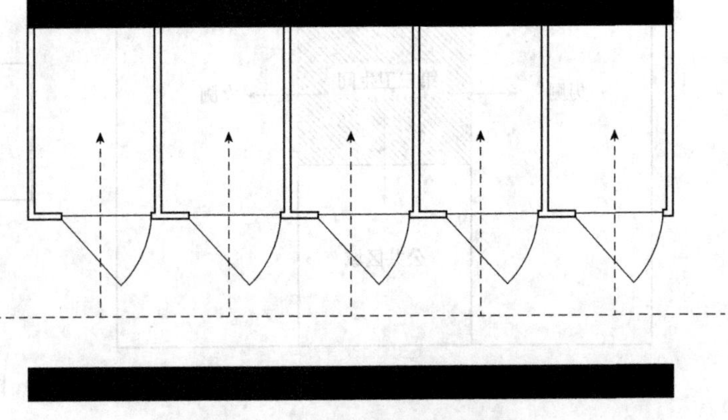

图4-13　条带式厕位布局简图

线较长，内部各功能区交通可达性差异较大，且各功能区因线性连接而彼此存在一定的干扰。

4.3　内部交通流线设计

独立式公共厕所的内部交通流线既是基于内部功能安排衍生的，也是内部功能组织安排的主要依据之一，主要分为如厕和管理两大类。如厕功能流线可分男厕、女厕、大小便以及仪容整理。管理功能流线则分为日常清洁、定期维护、粪便清运以及必要的管理办公。它们之间的交通关联性见表 4-2 所列，从中可以理清各功能之间的交通关联性。

厘清独立式公共厕所内部功能流线之间的交通联系，针对其不同的布局形式，其内部流线亦衍生出各自的布局形态。

4.3.1　背靠背式布局内部流线及功能的衍生关系

此种布局具体内部流线与功能关系如图 4-14 所示，男、女卫生间以及第三卫生间均有独立的功能系统，仅在粪便的收集、运输以及办公管理上有功能交集。背靠背式布局优点在于彼此交通流线互不干扰，如厕信息清晰明了，易于管理；不足之处在于建设、管理成本较高，空间要求略大。

表 4-2　公共厕所各功能交通关联

功能类型		如　厕					管　理			
		男小便	男大便	女如厕	男整理	女整理	清　洁	维　护	清　运	办　公
如　厕	男小便		□	×	×	×	□	□	×	×
	男大便	□		×	×	×	□	□	×	×
	女如厕	×	×		×	×	□	□	×	×
	男整理	×	×	×		×	□	□	×	×
	女整理	×	×	×	×	×	□	□	×	×
管　理	清　洁	□	□	□	□	□		□	□	■
	维　护	□	□		□	□	□		×	■
	清　运	×	×	×	×	×	□	×		□
	办　公	×			×	×	■	■	□	

注：×表示禁止有交通上的联系，□表示可以存在一定的交通联系，■表示必须建立交通联系。

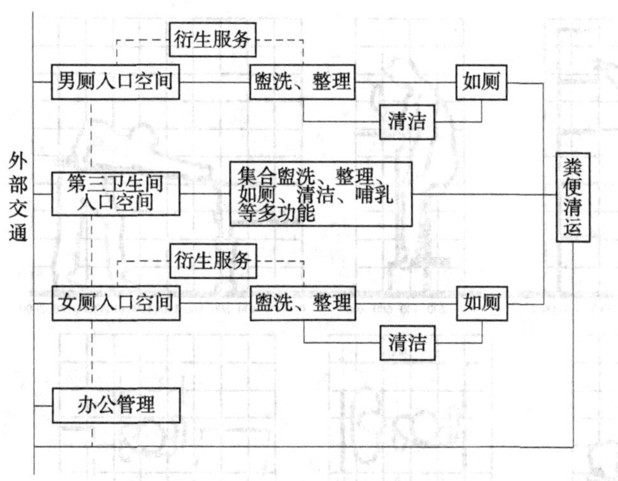

图4-14　背靠背式布局内部流线及功能的衍生关系

图中实线表示必然联系，虚线表示非必然联系

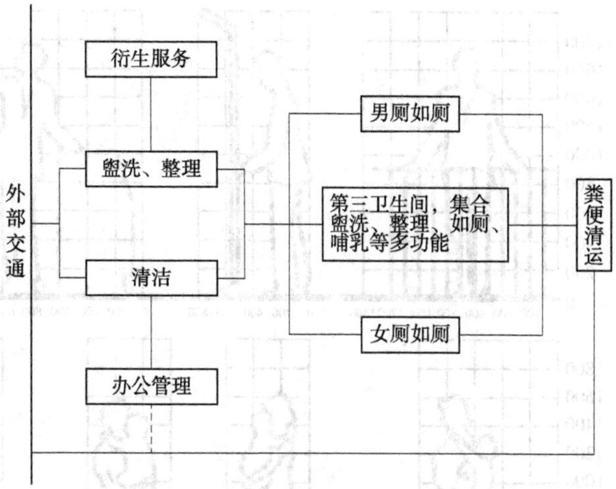

图4-15　核心式布局内部流线及功能的衍生关系

图中实线表示必然联系，虚线表示非必然联系

4.3.2　核心式布局内部流线及功能的衍生关系

此种布局具体内部流线与功能关系如图 4-15 所示，公共厕所的如厕与管理两部分功能被有效分开。盥洗、整理、清洁、办公、粪便收集、运输等管理功能，以及其他衍生服务集中一处，男、女如厕以及第三卫生间的如厕功能相对集中，两部分功能区有明确的交通联系。此种布局优势在于建设、管理成本较低，空间相对集中；不足之处在于交通组织相对较为复杂，对管理的组织要求较高。

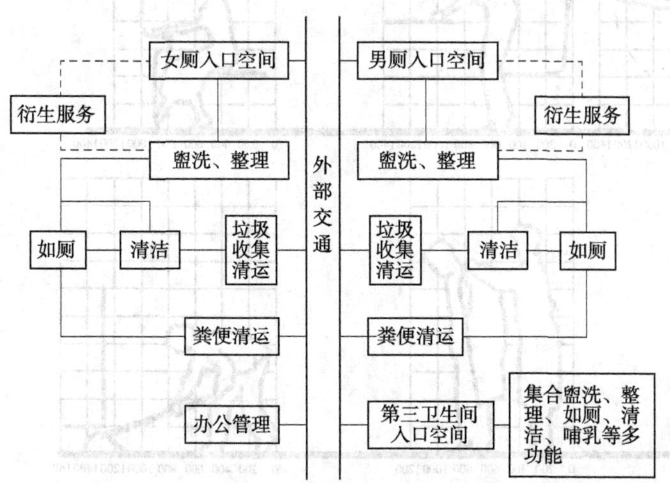

图4-16　分列式布局内部流线及功能的衍生关系

图中实线表示必然联系，虚线表示非必然联系

4.3.3　分列式布局内部流线及功能的衍生关系

此种布局具体内部流线与功能关系如图 4-16 所示，男、女卫生间以及第三卫生间彼此功能完全脱离，空间及交通各自组织，乃至建筑形体都会彼此分置，仅在建筑风貌与布局上互有关联。分列式布局优势在于功能单一明确，交通组织自成系统，管理高效，使用方便，互不干扰；不足之处在于建筑占地较大，建设、管理成本较高。

4.4　设计尺度

4.4.1　人体工学尺度

独立式公共厕所进行功能布局及交通流线组织时，设计者需要对人体如厕活动的工学尺度有清晰的认知。《建筑设计资料集》（第二版）第 1 卷中人体尺度的活动空间尺度中对此有详细的统计（图 4-17），这些人体工学尺度对设计中的尺度考量有着积极作用，设计者应了如指掌。

具体设计时对尺度的要求须以符合《标准》中对公共厕所的平面设计提出的 5 项具体要求，对公共厕所建筑设计的厕位尺寸、室内高度、隔板尺寸、管理间面积、厕位间设置扶手等提出的

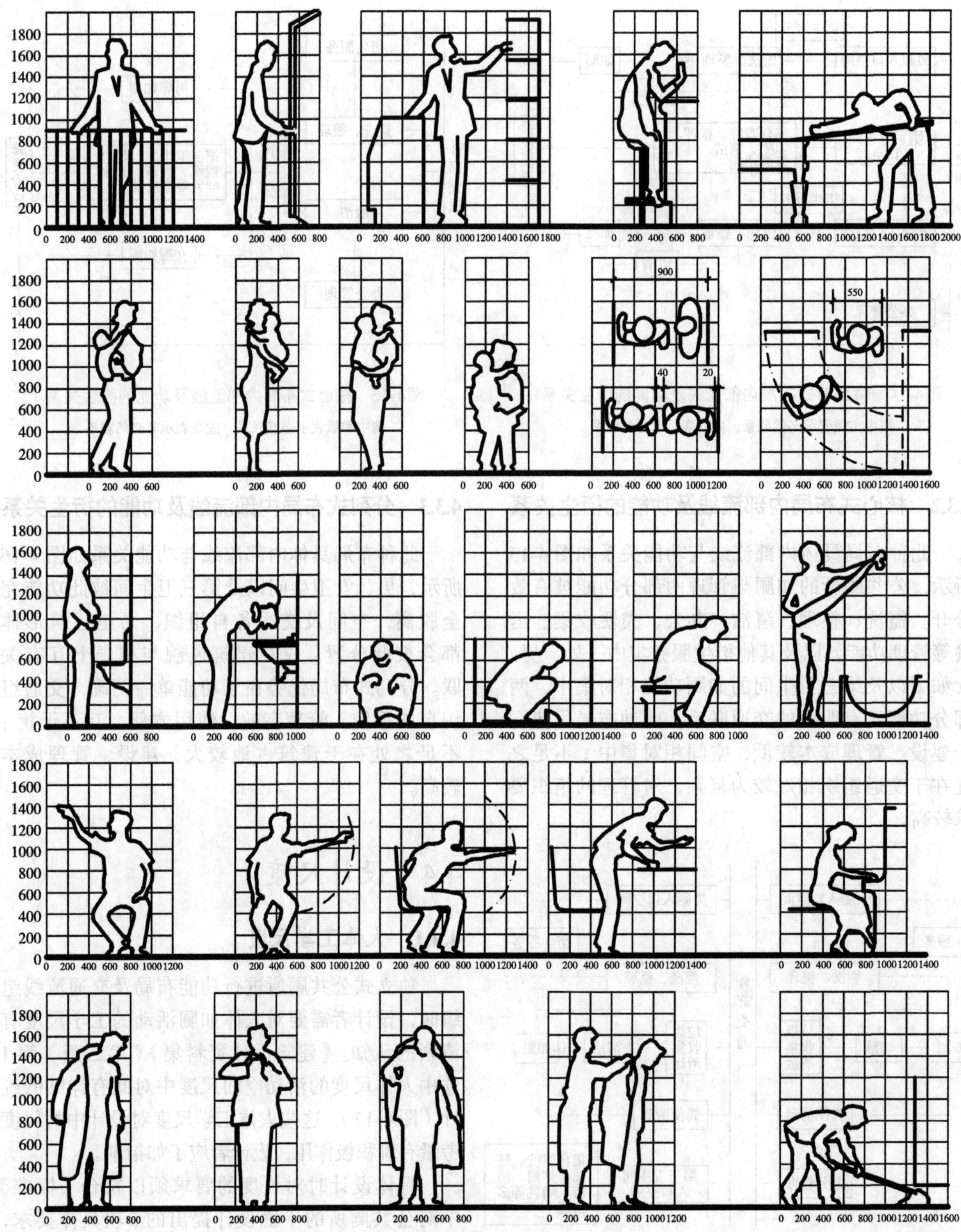

图4-17 人体如厕工学尺度（单位：mm）

13 项具体要求，以及对公共厕所的第三卫生间的配置提出的 6 项具体要求。这些要求中设计者主要需考量以下尺度的具体要求：

①厕所间平面尺寸宜符合表 4-3、表 4-4 规定，结合《标准》5.0.3 规定，大便厕位宽度应不小于 0.9m，厕位进深内开门不小于 1.4m、外开门尺寸不小于 1.2m，独立小便器间距 0.7~0.8m。

表 4-3　厕所间平面净尺寸　　mm

洁具数量	宽度	进深	备用尺寸
三件	1200，1500，1800，2100	1500，1800，2100，2400，2700	100n $n\geqslant9$
二件	1200，1500，1800	1500，1800，2100，2400	
一件	900，1200	1200，1500，1800	

表 4-4　大便厕位尺寸　　m

公共厕所等级		大便厕位	
		宽度	深度
		内开门	外开门
一类	1.00 ~ 1.20	1.50	1.30
二类	0.9 ~ 1.00	1.40	1.20
三类	0.85 ~ 0.9	1.40	1.20

②厕所内部厕位单侧排列，厕位向外侧开门时，考虑到人流交通，其走道宽度宜为 1.30m，且不应小于 1.00m；向内侧开门时，须考虑人流交通，其走道宽度应不小于 0.9m。厕位双排厕位时，外开门的厕位间的走道宽度宜为 1.5~2.10m，内开门的厕位间的走道宽度应不小于 1.2m（图 4-18）。

③第三卫生间具体尺寸要求须满足如图 4-19 所示要求，即内部除设置完备的无障碍卫生洁具外，还须于中心区留出直径不小于 1.5m 的轮椅无障碍回转空间。

4.4.2　卫生设施基本尺寸

现行规范的卫生设施主要是大便器、小便器、洗手盆、烘手器等设施，具体图例以《标准》4.4.1 规定为准（图 4-20）。洁具占用空间及使用空间的具体尺寸符合表 4-5 规定，二者的位置关系如图 4-21 所示。

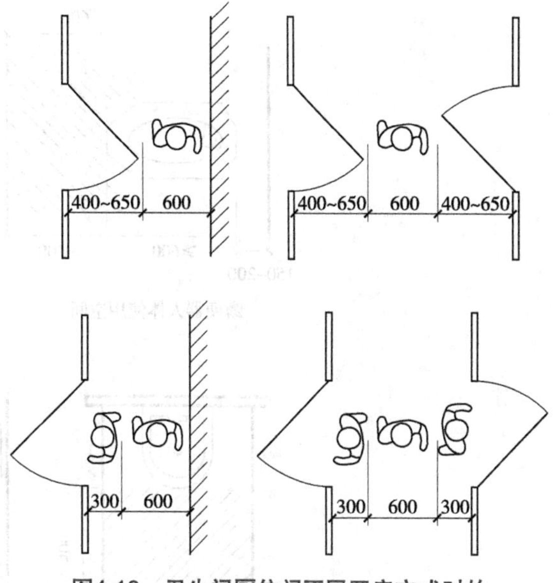

图4-18　卫生间厕位门不同开启方式时的人体工学尺度（单位：mm）

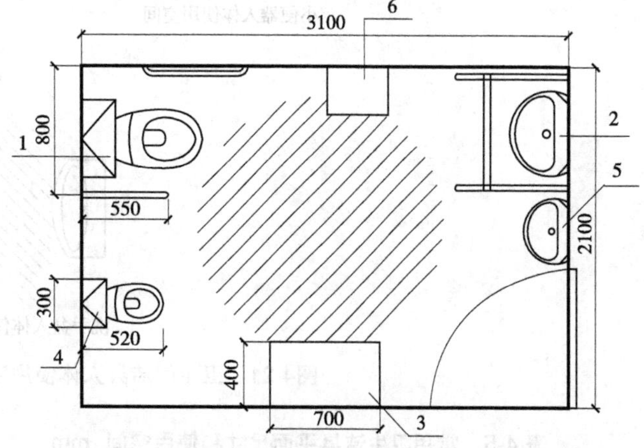

图4-19　第三卫生间设置尺寸要求（单位：mm）

1.成人坐便器　2.成人洗手盆　3.可折叠的多功能台
4.儿童坐便器　5.儿童洗手盆　6.可折叠的儿童安全座椅

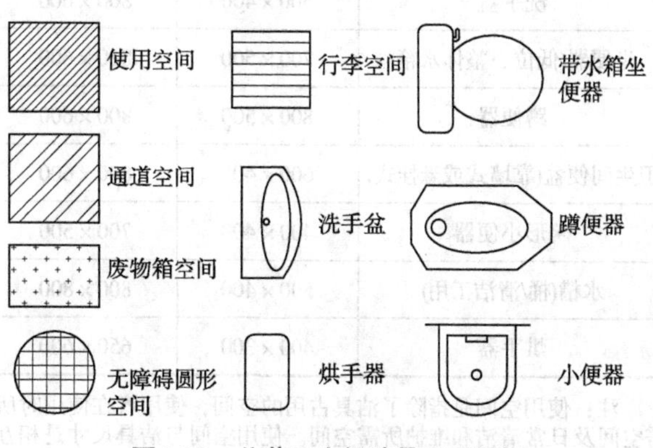

图4-20　公共卫生间洁具平面图例

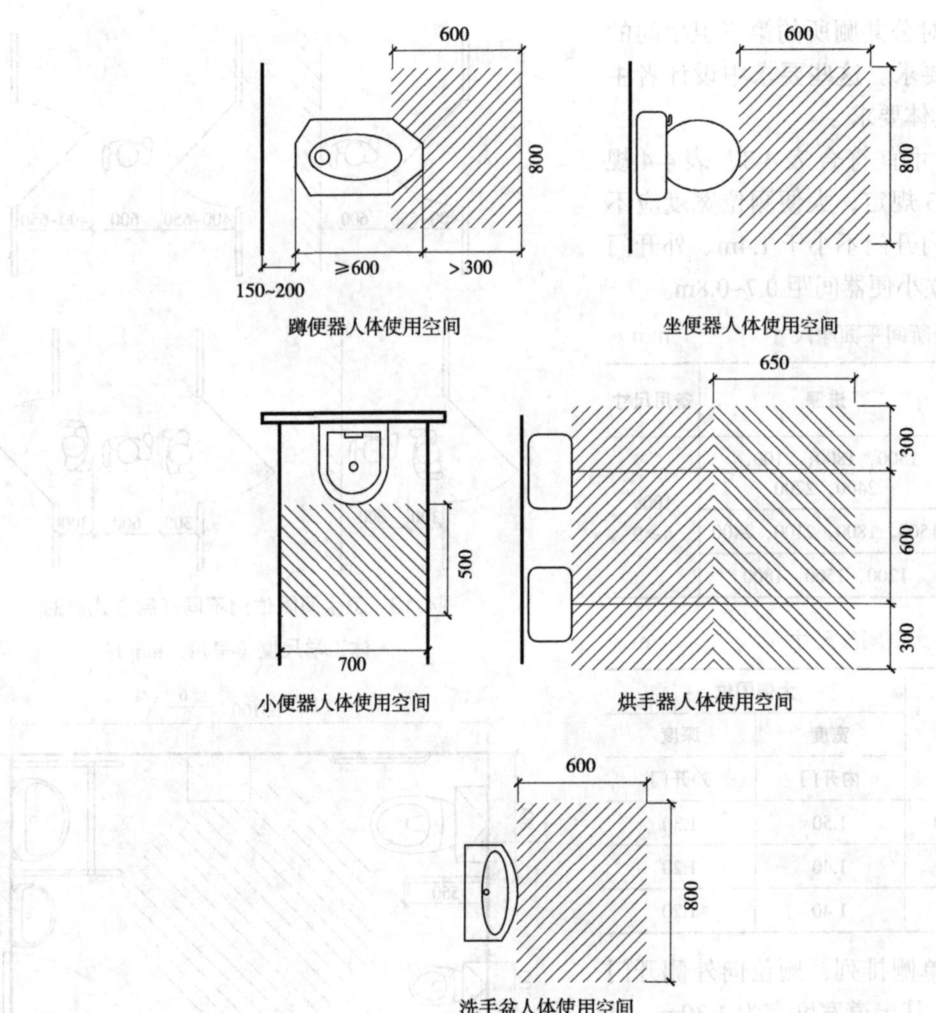

图4-21　卫生间洁具人体使用空间最小尺度要求（单位：mm）

表 4-5　常用卫生洁具平面尺寸和使用空间　mm

洁　具	洁具平面尺寸	使用空间（宽 × 进深
洗手盆	500 × 400	800 × 600
坐便器(低位、整体水箱)	700 × 500	800 × 600
蹲便器	800 × 500	800 × 600
卫生间便盆(靠墙式或悬挂式)	600 × 400	800 × 600
碗形小便器	400 × 400	700 × 500
水槽(桶/清洁工用)	500 × 400	800 × 800
烘手器	400 × 300	650 × 600

注：使用空间是指除了洁具占用的空间，使用者在使用时所需空间及日常清洁和维护所需空间。使用空间与洁具尺寸是相互联系的。洁具的尺寸将决定使用空间的位置。

4.5　服务设施

通过对公共厕所的实际使用行为调查，可以发现配备第三卫生间、整理台等服务设施的公共厕所，较没有此项配置的公共厕所使用更为方便，使用时间也相对较短，厕位使用周转次数较多。即使不配置第三卫生间，也可以像日本公共厕所那样配置一些方便的更衣台（图 4-22），以提升公共厕所使用效率。公共厕所内配置必要的诸如洗手液、卫生纸、卫生纸（巾）自动贩卖机、烘手机等服务设施，可以让使用者更加方便、快捷地进行便前便后的清洁和整理等活动，以缩短使用时间和停留时间。同时，在条件允许的情况下，可以在卫生间内，需要用到坐便器的地方设置电

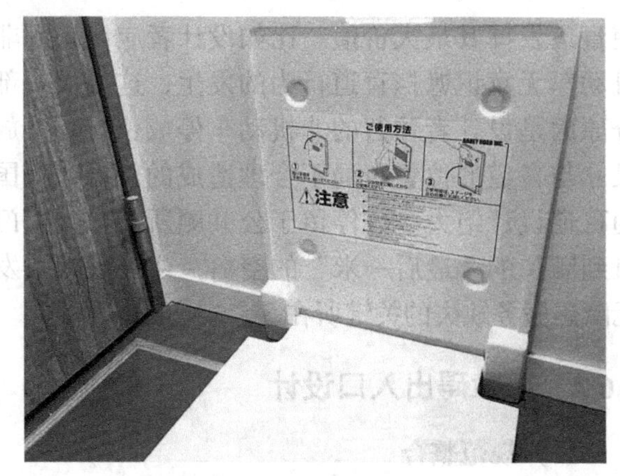

图4-22　日本厕所内的更衣台

动式的一次性坐便器坐垫更换机，方便需要使用坐便器的使用者无需额外花费一定的时间自行清理，使如厕更为快捷的同时也可缩短工作人员进行清洁的时长。可见，服务设施的齐全配置在一定程度上可以有效提高公共厕所的使用效率。

对于我国目前一些暂时无法通过增加如厕供给解决如厕难的困境，提升现有厕位的使用效率是行之有效的最佳选择。因此，设计者大可不必拘泥于公共厕所等级配置的必要选项，可适当配置一些必要的服务设施，对提高公共厕所服务效能，起到事半功倍的作用。

4.6　无障碍设计

无障碍设计旨在为行为能力弱和活动障碍者去除存在环境中的使用障碍，主要面向儿童、老人以及行为障碍人士提供给必要的辅助服务。无障碍设计是使设计面向所有使用者，无论年龄、体型、身体状况是否良好等人士均能最大限度地理解并享受到全方位服务所提出的设计要求。据国家统计局、国务院第七次全国人口普查领导小组办公室 2021 年 5 月 11 日公布的第七次全国人口普查公报（第五号）显示，全国人口中，0~14 岁人口为 253 383 938 人，占 17.95%；60 岁及以上人口为 264 018 766 人，占 18.70%，其中 65 岁及以上人口为 190 635 280 人，占 13.50%（表 4-6）。另据中国残疾人联合会 2019 年统计的数据显示：我国各类残疾人总数已超过 8500 万，占总人口的比例的 6.21%。2019 年持证残疾人及残疾儿童超过 3566 万人（表 4-7）。如以 60 周岁以上定义老人群体，那么我国无障碍设计所服务的主要人群（老人、儿童、行为障碍人士）占总人口比例约为 38.02%。足见无障碍设计于完善公共厕所如厕服务效能的重要性。

表 4-6　第七次全国人口普查公报中全国人口年龄构成

年　龄	人口数	比重（%）
0~14岁	253 383 938	17.95
15~59岁	894 376 020	63.35
60岁及以上	264 018 766	18.70
其中：65岁及以上	190 635 280	13.50
总计	1 411 778 724	100.00

表 4-7　中国持证残疾人基本数据（2019）

年　龄	人口数
0~14岁	1 045 038
15~59岁	19 331 278
60岁及以上	15 285 646
已办理残疾人证总数	35 661 962

独立式公共厕所无障碍设计具体是指出入交通组织的无障碍设计；如厕使用的无障碍厕位、无障碍洗手盆以及男性无障碍小便器的配置；厕所内部通道须做防滑、净宽足够等技术处理；设施完备以方便轮椅进出和回转；合理设置方便活动障碍人士使用的卫生设施等。现行多数公共厕所会将此功能集中设置，即设置单独的无性别区分的无障碍卫生间，男女均可使用。

对于独立式公共厕所无障碍设计而言，须参照执行《无障碍设计规范》（GB 50763—2012）（以下简称《规范 GB 50763》）。《规范 GB 50763》中对无障碍厕位（第 2.0.15 条）、无障碍厕所（第 2.0.16 条）、无障碍洗手盆（第 2.0.17 条）、无障碍小便器（第 2.0.18 条）做了概念上的界定，明确了无障碍设计简单直观、灵活使用、公平使用等方面的要求。

4.6.1 轮椅坡道设计

（1）规范整合

道坡应设置无障碍标识，坡面应平整、防滑、无反光，宜设计成直线形、直角形或折返形，并于临空侧设置安全阻挡措施。轮椅坡道的净宽度不应小于 1.00m，无障碍出入口的轮椅坡道净宽度不应小于 1.20m。轮椅坡道的高度超过 300mm 且坡度大于 1:20 时，应在两侧设置扶手，坡道与休息平台的扶手应保持连贯。轮椅坡道起点、终点和中间休息平台的水平长度不应小于 1.50m。轮椅坡道的最大高度和水平长度符合表 4-8 规定。

表 4-8　轮椅坡道的最大高度和水平长度　　m

坡度（高长比）	1:20	1:16	1:12	1:10	1:8
最大高度	1.20	0.90	0.75	0.60	0.30
水平长度	24.00	14.40	9.00	6.00	2.40

（2）规范解读

规定均以依靠轮椅自行活动所需要的空间及安全设定，由于独立式公共厕所室内外高差不会超过 60cm，所以日常设计中所采用的坡道高长比多为 1:10 或 1:8。

4.6.2 无障碍盲道设计

（1）规范整合

盲道有行进盲道和提示盲道之分，行进盲道应与行人方向一致，行进盲道宽 250~500mm。行进盲道需离路缘石、围墙、花台、绿化、树池边缘等障碍设施 250~500mm，且须避开非机动车停放位置。在行进的起点、终点、转弯处及其他需要处应设置提示盲道，当盲道宽度小于 300mm 时，提示盲道应大于行进盲道宽度，盲道具体尺寸可参见相应规范。

（2）规范解读

现实中往往出现盲道设计与施工均符合现行规范，但在使用中却受到许多非恶意的破坏和占用而影响使用。这往往与设计者有一定的关系，设计规范只是表明使用安全与便利的最低阈值，在恪守规范的前提下，要真正关注使用中真实发生的行为需求及其所需要的空间，通过合理规划使盲道发挥其最大价值。比如设计者应认识到非机动车无意识遮挡盲道行为的发生，这很大一部分原因是设计者预留的非机动车停放位置、停放尺寸与盲道的位置布局不合理造成的。再如我国的盲道设计绝大多数停留于公共厕所门口，由门口到厕位的“最后一米”的空白，往往成为引发无障碍服务缺失的关键所在。

4.6.3 无障碍出入口设计

（1）规范整合

无障碍出入口包括：平坡出入口、同时设置台阶和轮椅坡道的出入口、同时设置台阶和升降平台的出入口。建筑物无障碍出入口上方应设置雨棚，除平坡出入口外，在门完全开启的状态下，建筑物无障碍出入口的平台净深度不应小于 1.5m。建筑物无障碍出入口的门厅、过厅如设置两道门，门扇同时开启时两道门的间距不应小于 1.5m。出入口处的无障碍台阶，踏面宽度不小于 300mm 并做好防滑处理，踏步高度 100~150mm 为佳，三级及三级以上台阶应设置两侧扶手。

（2）规范解读

规范主要是确保轮椅在任何可能需要停留的地方，至少要保持 1.5m 深度的平台，为双向轮椅停留提供必要的安全距离。在空间相对充裕的情况下，独立式公共厕所出入口设计应采用平坡道出入口的形式，其地面坡度高长比不大于 1:20。在狭小局促的场地，只能采用台阶加升降平台的组合，此时在规范许可范围内尽可能降低室内外高差，以缩短坡道长度，降低安全风险。此外，无障设计中台阶与坡道的选用材质和颜色至关重要，不仅要能防滑，而且要有明显的识别性，使其易于从周边环境中区分出来。在设计实践中，设计者往往为了美学统一性，台阶多选取与周边环境一致的材质和色彩，仅是材质表面做防滑处理（如火烧面、荔枝面等处理）。这样的处理方式在阴雨天或光线不足的天气，即使是对正常使用者而言也存在安全隐患。阴雨天光线暗淡、水汽氤氲、地面湿滑、可视性差，仅仅依靠表面光滑度的防滑处理是不足以确保使用安全的，需要在材质的色彩、质感上做到有效警醒，在排水的效率、干燥度的保持等方面做好详细的设计，才能真正做到使用安全。

4.6.4　无障碍通道和门的设计

（1）规范整合

室内走道净宽不小于 1.2m，室外走道不小于 1.5m。无障碍通道应连续、地面平整、防滑、无反光最好，不宜设置厚地毯，有高差时应设置轮椅坡道。室外通道的雨水篦子孔洞宽度不大于 15mm。固定在无障碍通道的墙、立柱上的物体或标牌距地面的高度不应小于 2.00m；如小于 2.00m，探出部分的宽度不应大于 100mm；如突出部分大于 100mm，则其距地面的高度应小于 600mm。

门的无障碍设计并不宜采用弹簧门、玻璃门，当采用玻璃门时，应有醒目的提示标识。自动门开启后通行净宽度不应小于 1.00m；平开门、推拉门、折叠门开启后的通行净宽度不应小于 800mm，有条件时不宜小于 900mm。门扇内外应留有直径不小于 1.50m 的轮椅回转空间。在单扇平开门、推拉门、折叠门的门把手一侧的墙面，应设宽度不小于 400mm 的墙面；平开门、推拉门、折叠门的门扇应设距地 900mm 的把手，宜设视线观察玻璃，并宜在距地 350mm 范围内安装护门板；门槛高度及门内外地面高差不应大于 15mm，并以斜面过渡；无障碍通道上的门扇应便于开关；宜与周围墙面有一定的色彩反差，方便识别。

（2）规范解读

通道中不可避免地会有一些标牌、灭火器等必要设备，凸出墙体过多时要求不高于 600mm，即方便手杖触及，将潜在的设备危害降到最低。同时要求凸出的物体不能减少无障碍的通行宽度，所以，设计阈值以通道净宽进行设定。至于开门后的通道以及门把手侧留有不小于 400mm 的墙体，主要是现在一些电动轮椅较宽，有些甚至超过了 700mm，所有设定均以方便开门和通行为准。

4.6.5　无障碍厕位与无障碍卫生间设计

（1）规范整合

无障碍厕位应方便乘轮椅者到达和进出，尺寸宜做到 2.00m × 1.50m，不应小于 1.80m × 1.00m；厕位门通行净宽不应小于 800mm，宜向外开启。如向内开启，需在开启后厕位内留有直径不小于 1.50m 的轮椅回转空间。平开门内外侧应设高 900mm 的关门拉手和开门横扶把手，并应采用门外可紧急开启的插销。厕位内应设坐便器，厕位两侧距地面 700mm 处应设长度不小于 700mm 的水平安全抓杆，另一侧应设高 1.40m 的垂直安全抓杆（图 4-23、图 4-24）。

图4-23　无障碍厕位内部设施

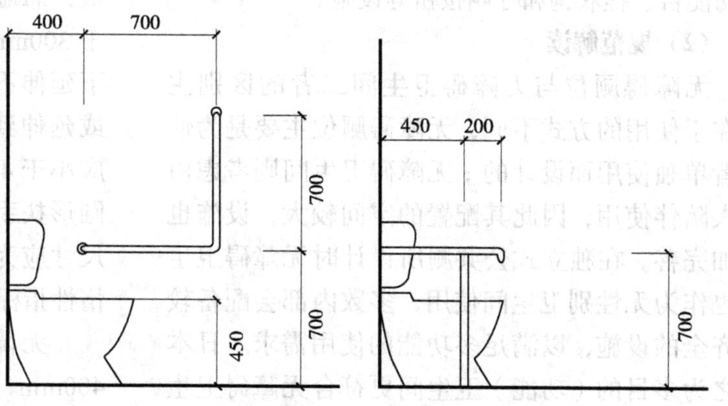

图4-24　座便器及安全抓杆（单位：mm）

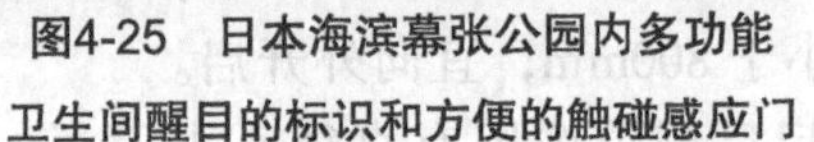
图4-25　日本海滨幕张公园内多功能卫生间醒目的标识和方便的触碰感应门

图4-26　日本某多目的卫生间内部，除洁具外配置的多用途设施

无障碍卫生间入口处应设置较为醒目的无障碍标志加以区分和引导（图4-25），建筑面积不应小于4.00m²，应方便乘轮椅者进入和进行回转，回转直径不小于1.50m。采用平开门时门扇宜向外开启，如向内开启，需在开启后留有直径不小于1.50mm的轮椅回转空间，门通行净宽不应小于800mm。平开门内外侧应设高900mm的关门拉手和开门横扶把手，并应采用门外可紧急开启的门锁。卫生间内部应设无障碍的坐便器、洗手盆、多功能台、挂衣钩和呼叫按钮等设施。

（2）规范解读

无障碍厕位与无障碍卫生间二者的区别主要在于使用的方式不同，无障碍厕位主要是为使用者单独使用而设计的；无障碍卫生间则考虑由家人陪伴使用，因此其配置的空间较大，设施也更加完善。在独立式公共厕所设计时无障碍卫生间也作为无性别卫生间使用，多数内部会配备较为齐全的设施，以满足多功能的使用需求。日本称之为多目的（功能）卫生间更符合无障碍卫生间的设计初衷，实际使用中多数带小孩家庭其家庭成员会共同使用，因此更符合多用途的使用目的，并能有效提升无障碍卫生间的使用方便性（图4-26）。

4.6.6　其他无障碍设施

（1）规范整合

无障碍单层扶手的高度应为850~900mm，无障碍双层扶手的上层扶手高度应为850~900mm，下层扶手高度应为650~700mm。扶手应保持连贯，靠墙面的扶手起点和终点处应水平延伸不小于300mm的长度。扶手末端应向内拐到墙面或向下延伸不小于100mm，栏杆式扶手应向下成弧形或延伸到地面上固定。扶手内侧与墙面的距离不应小于40mm。扶手应安装坚固，形状易于抓握。圆形扶手的直径应为30~50mm，矩形扶手的截面尺寸应为35~50mm。扶手的材质宜选用防滑、热惰性指标好的材料。

无障碍小便器下口距地面高度不应大于400mm，小便器两侧应在离墙面250mm处，设高度为1.20m的垂直安全抓杆，并在离墙面550mm

处，设高度为 900mm 水平安全抓杆，与垂直安全抓杆连接。

无障碍洗手盆的水嘴中心距侧墙应大于 550mm，其底部应留出宽 750mm、高 650mm、深 450mm 供乘轮椅者膝部和足尖部的移动空间，并在洗手盆上方安装镜子，出水龙头宜采用杠杆式水龙头或感应式自动出水方式。安全抓杆应安装牢固，直径应为 30~40mm，内侧距墙不应小于 40mm。

取纸器应设在坐便器的侧前方，高度为 400~500mm。

（2）规范解读

扶手是协助人们通行的重要辅助措施，可保持身体平衡和协助使用者行进。扶手安装位置、高度、牢固性及其造型是否合适，不仅直接影响使用效果，同时也是设计美观不容忽视的造型要素之一，而这恰恰是设计者最容易忽视的设计内容之一。

在洁具周围增设抓杆是为了方便使用者稳定重心和移动位置，起到保护和辅助的作用，增加如厕安全性。保护措施在方便使用的同时，还要牢固可靠、少占空间。

4.7　标识

4.7.1　标识显而易达

在公共厕所使用困扰的调研中，发现尽管存在因某些公共厕所设计过于猎奇的设计与周围环境格格不入的情况，但是给使用者造成使用困扰的情况反而是一些片面强调“隐蔽性”设计的公共厕所。设计过于隐蔽往往造成独立式公共厕所建筑的可视性不强，使用者寻找不便。同时，标识系统过于个性化而不够通俗易懂，也极容易造成指示信息的误读。此外，现实中常常出现受附近景观、植物或建筑物的干扰，使用者明明知道卫生间近在咫尺却因无法确定准确位置而四处寻觅，需要四处询问才能到达的情况。针对这样的情况，指向明确、显而易见的标识是独立式公共厕所易达性必不可少的先决条件。

对公共厕所的标志标识而言，显而易达是其首要原则，设计者主要需考量以下几方面的内容：

（1）建筑本身的易识别性

就环境中的建筑本身而言，其体量、材质、色彩、造型是较为明显的视觉感知因素，因此其具有较为明显的识别性，可作为识别系统的主要识别要素。独立式公共厕所建筑设计时，为突出其可识别性需要确保其所服务区域内的视线引导不能受到景观、环境等外在要素的干扰，尤其要保证游览道路、活动场地内有清晰的视线可以直接看到建筑本身。

（2）交通系统的可识别性

在通往公共厕所的道路以及公共厕所入口区域，强化地面铺装、台阶、植物的合理配置，以增进交通的指向性，并暗示其直达厕所的功能性。使用者可以通过交通系统的指示到达公共厕所，避免使用者虽能看见公共厕所的建筑却因误认为景点而错过。信息化时代，应结合数据终端的软件开发，各类找厕所 APP 层出不穷，找厕所已不再是难事（图 4-27）。

图4-27　层出不穷的找厕所APP

（3）标识系统须指向明确、通俗易懂

①标识信息须通俗易懂，简洁明了，指向明确，如图 4-28 所示。

②对同一范围内的公共厕所标识系统应进行统一设计，同样的标识要素可形成一种标志性意识，使指向更为明确，信息获取更加快捷。

③对建筑位置、出入口等信息的改变要做到及时更新，避免造成错误指引。

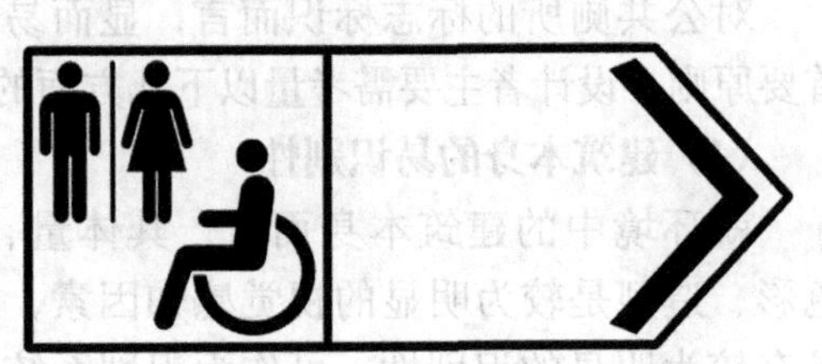

图4-28　无障碍厕所指示标志中需要表达的信息

（4）将信息数字化指示作为必要措施

可将厕所距离、厕位信息、厕位使用情况、如厕方式、周边公共厕所信息等数据显示在指示系统中，以帮助使用者提前做好选择，提高厕所使用效率（图 4-29）。

4.7.2　标识详细直观

独立式公共厕所的导向标识应该采用易识别的文字和图案，符合系统性、一体性、清晰性的设计原则，导向要素优先考虑使用图像符号传递信息。标识设计须符合《公共信息导向系统 导向要素的设计原则与要求 第 1 部分：总则》（GB/T 20501.1—2013）；《公共信息导向系统 导向要素的设计原则与要求 第 2 部分：位置标志》（GB/T 20501.1—2013）；《公共信息导向系统 导向要素的设计原则与要求 第 6 部分：导向标志》（GB/T 20501.6—2013）

图4-29　找厕所APP“如厕令”，厕位数字化信息一目了然

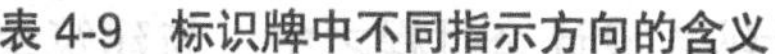

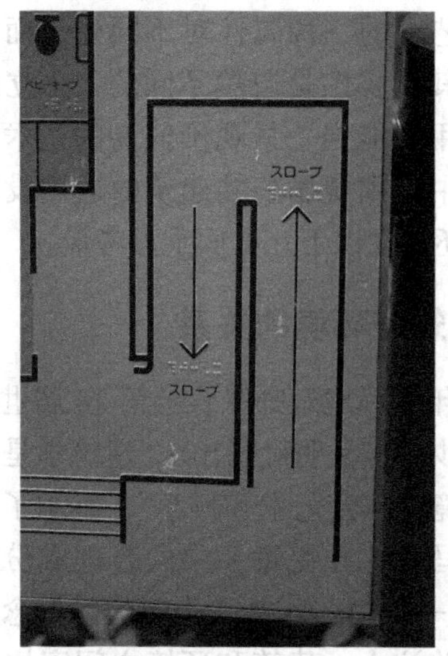

图4-30　公共卫生间标识上的盲文标注

以及《公共信息图形符号 第 9 部分：无障碍设施符号》(GB/T 10001.9—2021),《公共建筑标识系统技术规范》(GB/T 51223—2017),《旅游景区公共信息导向系统设置规范》(GB/T 31384—2015)等有关规范要求，以确保使用者可第一时间看到引导标识，理解标识内容。

①标识的位置尤为重要，要靠近主要交通流线，不能有视线遮挡，同时不可忽略盲文标注。盲文标注位置要触手可及，并有盲道提示（图 4-30）。

②标识牌制作应采用较为显眼的颜色或图案，并与其他的标识有明显的区分。

③标识内容应该标明指示公共厕所位置的箭头和距离，导向最短路径。如有拐弯则需于拐弯处设置标识，标识位置、高度应根据人体工学尺度，方便查看（表 4-9）。

表 4-9　标识牌中不同指示方向的含义

方向符号	含　义	方向符号	含　义
↑	向前行进；从此处通过并向前行进；从此处向上行进	↓	从此处向下行进
↖	向左上行进；向左前行进（仅在不可能与“向左前行进”混淆时使用）	↗	向右上行进；向右前行进（仅在不可能与“向右上行进”混淆时使用）
←	向左行进	→	向右行进
↙	向左下行进	↘	向右下行进

④标识需考虑夜间照明，也可结合灯光设计，使人们在夜晚也可以清晰地看到标识的内容。

4.7.3　设计个性美观

对公共厕所而言，标识一定程度是其建筑品质及景区文化的性格与情趣的直观表达。对诸如雨棚、台阶、标识等造型元素，多数设计者会不自觉地将其纳入二次设计的考量范畴。认为其属于建筑附属物，对建筑美的塑造并无大碍。其实细微之处，才是设计者要格外关注的地方。

这些外加之物虽似无关紧要，但对建筑设计文化与景观的塑造有着画龙点睛的作用（图 4-31、图 4-32）。因此，独立式公共厕所建筑设计应将

图4-31　儿童厕所较有创意的标识设计

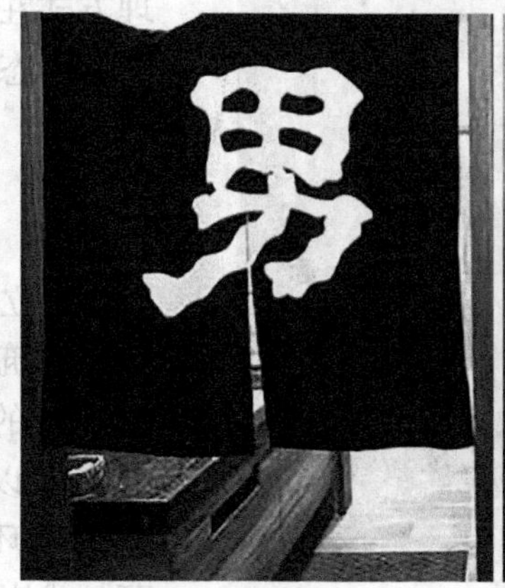

图4-32　个性鲜明的男女卫生间标识

标识设计纳入设计全过程之中，与建筑统一考量，塑造个性鲜明、具有突出文化内涵和美学特征的标识设计。

4.8 建筑造型设计注意事项

建筑作为人工构筑物具有物质和精神的双重价值，其构成三要素：功能、技术、美学三大要素是相互依存、彼此共构的。以美学角度感悟建筑艺术之美，需要理解建筑艺术不同于其他艺术形式之所在。

①需理解建筑艺术的表现是三维的，是蕴含于空间与环境之中的，其艺术感染力是需要步入其总体构成之中才能完全感悟的，即建筑的时空属性。

②需理解建筑艺术塑造需要一定的工程技术和建筑设备才能实现，建筑的艺术价值与技术发展息息相关，即建筑的工程属性。

③需理解建筑艺术表现力受材料、功能、文化、伦理、地域等诸多内涵因素制约：不同民族有不同的意识形态、宗教信仰、伦理道德观念；不同地理位置具有不同的地域属性、气候特征、环境资源条件；……所有这些内涵设计因素反映到建筑上，其建筑形态乃至使用方式千差万别，即建筑的社会和文化属性。

图4-33　汶川大地震震中纪念馆

建筑艺术的三种属性对不同建筑而言，其先后顺序及其重要性是迥然不同的，独立式公共厕所具有使用功能强、景观价值高的艺术要求，在设计过程中除须遵循公共建筑的通用设计准则与方法外，还需在以下几方面重点考量。

4.8.1 建筑与环境的关系

1981 年国际建筑师联合会第 14 届世界会议通过的《华沙宣言》明确指出：“建筑学是为人类建立生活环境的综合艺术和科学”，继承了《雅典宪章》和《马丘比丘宪章》中的合理成份，确立了“建筑—人—环境”作为一个整体的概念，并以此促使人们关注人、建筑和环境之间密切的相互关系。钱学森更以其大科学家的宏观视野突破了一般的专业范畴，提出了“建筑真正的科学基础要讲环境”之卓见。由此可见，建筑与环境的关系是建筑设计之根本，对景观建筑而言尤为如此。

4.8.1.1 建筑平面布局与立地环境形态特征的契合

建筑平面整体的外轮廓与立地条件内的边界、肌理走向应保持一定的几何关系，以顺应的姿态，契合地形地貌空间形态走势展开布局。何镜堂先生在汶川大地震震中纪念馆的设计上即以一字形的布局与环境取得了和谐的共鸣（图 4-33），陕西西安环城公园内的独立式公共厕所，布局采用了与城墙走向一致的手法，并在体量及色彩上与城墙形象特征保持一致（图 4-34）。此种顺势而为、因势利导，建筑平面布局契合立地环境形态的处理方式在建筑设计中较为普遍，目的在于以最积极的姿态从根本上保持与立地空间环境形态的完整统一。

4.8.1.2 建筑形体与场地地势要素的对应

独立式公共厕所建筑所处场地经常有一定高差，建筑与立地条件的基质——地势、地貌，保持怎样的关系对建筑形体的塑造至关重要。建筑形体以平行、斜交、垂直、顺应等不同角度契入原环境中，将使建筑造型在环境中取得或藏、或嵌、或挑、或露、或断、或连的对应关系

图4-34 西安环城墙公园内公共厕所布局

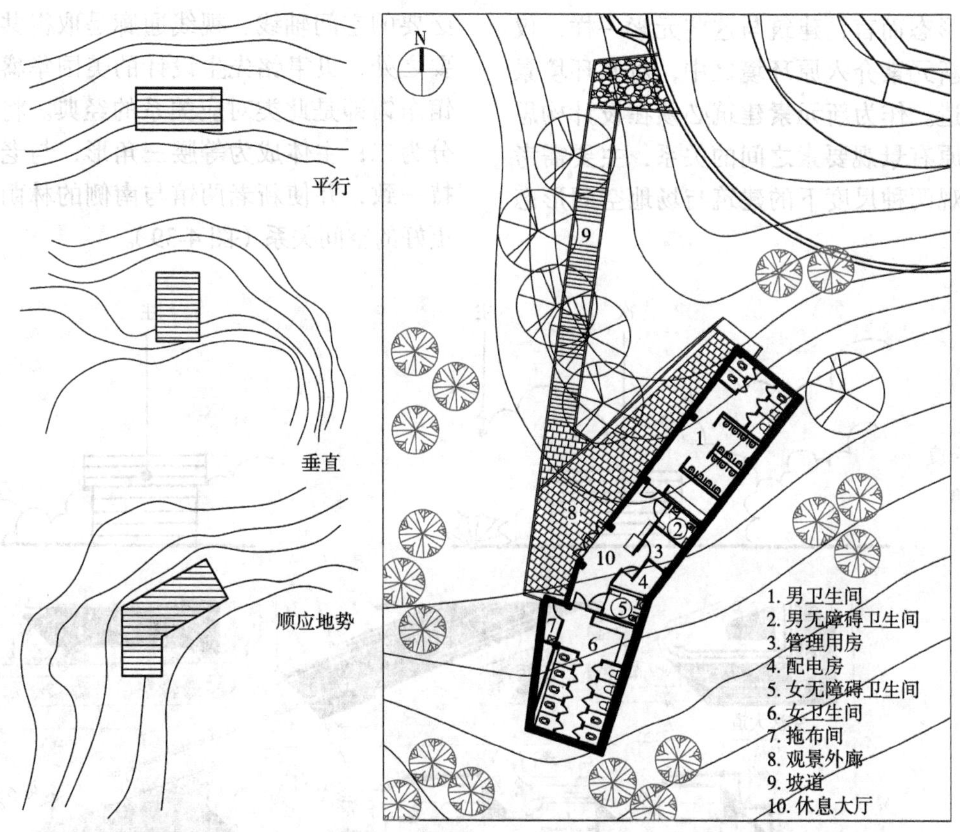

图4-35 与环境以顺应的姿态布局

图4-36 某景区内公共厕所布局与地势的对应关系

（图 4-35）。建筑与场地建立密切的对应关系有助于构建属于该场地特征的建筑性格，这对建筑个性化设计目标的塑造有事半功倍的作用。某景区内一处公共厕所便是以顺应地势走向的布局方式（图 4-36）建立了建筑与场地的对应关系，对其建筑性格的塑造起到了决定性的作用（图 4-37）。

4.8.1.3 建筑整体形态与场地空间形态的共构

场地立地条件内的空间形态是由场地可视范围内，诸如树木、岩石、水体、建筑等诸多要素共同围合而成的，具有三维特征的建筑外部环境，这一外部环境的空间形体是多维度、多元化的。

图4-37　某景区内公共厕所通过与地势的对应关系建立了建筑本身的性格特征

对场地空间形态而言，建筑与这些元素一样，仅是作为一个新元素介入原环境之中，对原环境景观进行再创造。作为新元素建筑必须在设计构思阶段考量与原有景观要素之间的关系，主要需考量宏观和微观两种尺度下的建筑与场地空间形态的关系。

宏观尺度通常是针对中景和远景的景观元素而言，设计基本以借景或对景的手法与这些元素保持关联，设计主要是确立建筑与这些元素的主从关系：中远景景观背景较低平时，宜以建筑为空间形态主体；中远景景观背景较丰富时，宜以环境为空间形态主体（图 4-38）。

微观尺度是对建筑周边近视范围内的诸多景观要素而言，设计基本考量建筑与这些景观要素之间的距离和位置关系，以确定彼此制约或依附关系。微观尺度下，建筑整体形态与场地空间要素保持一定的设计逻辑和对位关系，方能在空间形态上保持彼此的关联与共构。与这些要素建立必要的空间轴线、视线通廊是取得共构关系的重要之处，贝聿铭先生设计的美国华盛顿国家美术馆东馆即是此类对应关系的经典。将梯形场地一分为二，主体成为等腰三角形，与老馆中轴线保持一致，并使新老两馆与南侧的林荫大道保持了更好的空间关系（图 4-39）。

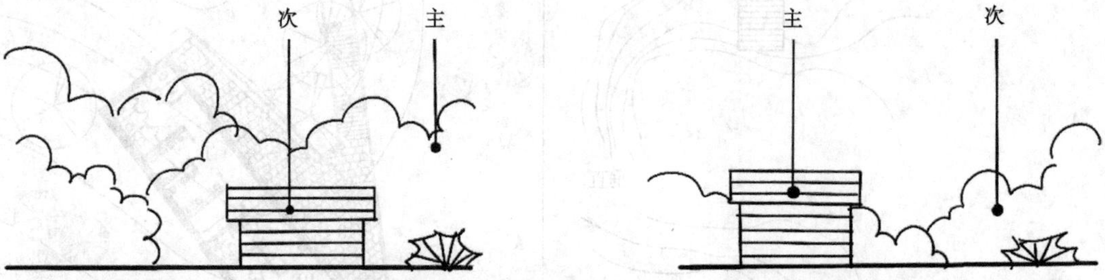

图4-38　宏观尺度下建筑与环境的主从关系

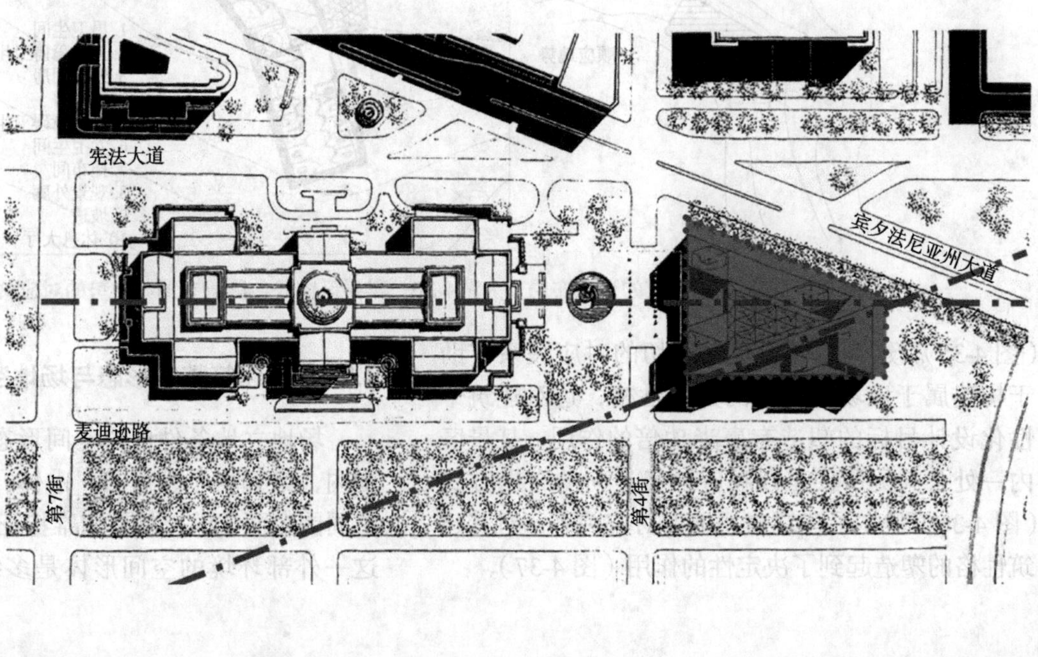

图4-39　华盛顿美术馆东馆对场地要素的巧妙处理和对应

4.8.1.4　其他因素的考量

场地周边道路的等级与路幅，车流、人流方向及流量，场地内是否有空中高压走廊或地下管网限制等市政条件；裸露的岩石、土壤、地下暗河、暗塘等地质条件；场地内的古树、古迹以及周边历史建筑等景观文化要素；所处地区的气候、水文、日照、风向、降水量等自然条件；这些要素都在建筑设计的考虑范围之内，须依据设计目标，随设计深度的展开，一一取得设计逻辑的对应。

总之，设计者在面对设计场地时，总会有一种探寻设计密码、介入风景、剖析场地属性的诉求。场地是设计之“因”，建筑是场地之“果”，优秀的设计是由立地条件中“自然”萌发的。设计应回应所处场地的各种环境要素，并与之相匹配，塑造建筑因场地而生的特质体验。建筑应具有属于场地的无法迁徙的独特品质，具体设计手法不应一成不变，因地制宜，才可相得益彰。

4.8.2　建筑层数选择

单纯的独立式公共厕所建筑面积一般很小，多数保持在 80~200m^2，个别较大的独立式公共厕所建筑面积也不会超过 400 m^2。现实中有些公共厕所往往会与其他建筑功能复合使用，建筑面积会有所增加，即便如此其建筑面积一般也会在 800 m^2 以内。因建筑形体和面积需求，做到二层以上、面积超 1000 m^2 的公共厕所，其已不能单纯以独立式公共厕所建筑论之，此时如厕功能多数已成为建筑的附属功能，因此应划属公共建筑范畴，以公共建筑的设计原则与方法处理即可。

对最为普遍的独立式公共厕所而言，基于其面积小、功能单一的特点，为方便其使用及无障碍之需求，独立式公共厕所应以单层建筑为宜，局部可考虑二层，以增加建筑单体造型的丰富度。

4.8.3　私密性设计

建筑不可避免需要对外开窗、开洞、设置出入口等洞口，既可满足通风、采光之需，又通过虚实对比、光影变换塑造建筑艺术之美。对独立式公共厕所而言，洞口在满足以上这些功能之外，还需格外注意如厕的私密性。

虽说私密性与公共性目标截然相反，却彼此互为助力，私密性的保护恰恰是为了维护更加包容的公共性；反之，公共性的维护也成就了更加公平的私密性。但是这种维护不可被过度解读，私密行为的过度保护反而造成公共空间的缺失。公共性的过度解读，势必消除私人活动的存在，以极致的开放空间对抗私密性，公共厕所便失去其存在的价值。

现代公共厕所功能的多元化，带来了基于公共性的对私密性的诉求和偏移，使原本单纯的功能拥有了多元化的解读。因此，现代公共厕所设计的窘境在于，如何解读其私密性与公共性，以及在何种程度上保护私密性与公共性。这里有管理层面的解决途径，也有些目标是设计层面可以解决的。对独立式公共厕所建筑设计而言，需格外关注能够保护如厕生理需求的私密性的设计举措：男厕、女厕须分开布局且分割完整；外窗下沿据室内地坪高度不宜小于 1.5m；外窗宜采用窗下沿绝对高度 1.8m 以上、水平带形开窗方式为佳；特殊造型需求造成的洞口过低时，应于洞口外部以植物、垂直绿化、景墙等景观要素进行遮挡，或将洞口开启方向设置于人员不能到达处；采用出挑增加光影效果，或者使用能够阻挡视线的建筑材料，……诸如此类的设计举措目的在于构建如厕的心理和生理安全。

对集公共性和私密性于一体的公共厕所而言，如厕者在如厕时所关注的厕所私密性、防范个人隐私暴露的心理活动以及对气味、声音、整洁度的心理感受，都构成如厕者对公共厕所的整体需求、感知和满意度。一旦如厕者产生紧张、不安、焦虑等心理体验和情绪，均会将其归因于缺少“私密性”的保护。私密性的保护依据如厕者的行为、对私密性目标的预判以及心理需求、满意程度，可划分为最基本的生理隐私保障、自我形象维护、友好情绪建立三个层次。这其中生理隐私保障是私密性最基本的保障，其对私密性与设施功能的要求与最基本排泄行为相关；自我形象维护则是如厕者“自我形象”的诉求，是对视觉、听觉、嗅觉的感知所带来的个人形象的维护，其与如厕者行为习惯、形象目标以及社会文明程度息息相关；友好情绪建立则是在前两者基础上获取良好如厕体验的心理构建，是尊严、轻松、愉悦等友好情绪的构建。私密性维护的这三个层次具有层层递进的关系（图4-40），在设计过程中，可针对某一层次或多个层次进行设计。

设计者在进行公共厕所设计时应格外关注如厕私密性的保护，主要包含对以下三方面私密性保护：

①公共厕所内外私密性的保护　即如厕者与厕所外面人士之间的私密性保护，这种私密性主要体现在视觉感知上的抗干扰性，因此，需要建筑设计时选择围合完整，门、窗等洞口具有遮挡视线的建筑形态。

②男女如厕者之间的私密性保护　公共厕所有男女之分，从视觉感知上在异性间建立了有效的隐私保障。但是在听觉、嗅觉上面的保障是否有效，直接关系到自我形象维护与友好情绪建立的构建。因此，男女厕所之间以全封闭的隔断为佳，以保护男女如厕者视觉、嗅觉、听觉的私密性，提升安全感。

③同性别如厕者私密性的保护　如厕者在使用卫生设备时会表现出一定的领域性，即在如厕时希望能有一个绝对私密的空间，不被任何人看到、听到、闻到。因此，公共厕所内部应设置分隔完整、带门的蹲位，男性小便器之间应有视线挡板，确保视觉隐私安全；厕间内可使用背景音乐，以遮盖声音，缓解尴尬，日本公共厕所内专门为此设计了一种名为“音姬”的装置（日本发明使用的一种可以发出流水的声音，用于遮掩如厕声音的电子装置，主要用于女生厕所，缓解尴尬）；芳香气味剂、除臭剂的使用可以去除异味，消除嗅觉的不满……如此措施可使如厕体验上升到新的高度。

4.8.4　自然通风

现有技术以机械方式解决建筑通风是毫无障碍的，但是对于独立式公共厕所而言，自然通风才是建筑环境生态可持续发展的首选，且建筑中充分利用自然通风有利于节能与健康。自然通风是利用空气密度的变化引发的空气流动，因其无须设置动力装置，故是一种经济、舒适的通风方式。为保证建筑自然通风效果，建筑布局主要进风面一般应与主导风向呈 60°~90° 角度（图4-41），同时，建筑西侧应避免大面积的外墙和玻璃幕墙，以减少西晒利于通风。

自然通风的驱动力有风压和热压，这恰恰是独立式公共厕所的优势。独立式公共厕所多处于空旷的小环境中，环境内自然风速、室内外温差条件良好，有利于建筑物的自然通风。

4.8.4.1　风压引动的自然通风

当风吹向建筑物时，建筑迎风面阻挡了空气流动形成正压区，风便由门窗洞口进入室内；当风绕过建筑物侧面和背面时局部产生涡流，形成负压区，室内的空气便由洞口流向室外；如此便形成了室内外气体的交换，建筑物据此在迎风面和背风面的围护结构上开设洞口（门、窗、洞口等）供空气进入和排出，促进自然通风。正压区

图4-40　公共厕所私密性保障的需求关系

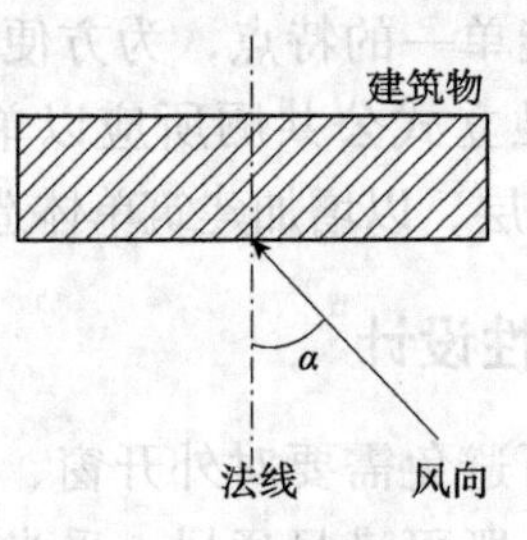

图4-41　风向投射角

与负压区的压力差称为风压，风压是室内空气流动的主要动因，是建筑物自然通风最重要的驱动力，压差越大通风效果越好（图 4-42）。风压压差的大小与建筑的外形、建筑与风的角度、建筑外环境等因素有关。因此，建筑布局采用迎风面转角做锯齿状或建筑平面圆形化处理，尽量减少迎风面上游处面积、增大下游处面积，可有效减低风速、增加风域。同时，墙面也做凹凸处理，如借由遮阳板、出挑物等手法处理，以阻挡气流，降低横切建筑物侧面的风速，增加通风量。此外，为确保一定的风压差，建筑自身的形态设计应以限制空间进深为基本原则，有研究表明要形成穿堂风，空间的进深不能超过其净高的 5 倍。虽然进深一定时，可加大层高促进穿堂风的流通。但建筑层高受规划、能耗、美学等因素限制，不能将通风效果完全寄希望于层高。因此，为保证通风效果，建筑宜采用面向主导风向的长面宽、进深短的平面布局形式，既利于自然通风，又可充分获取自然光，一般认为空间进深不宜超过 14m 易于形成穿堂风。

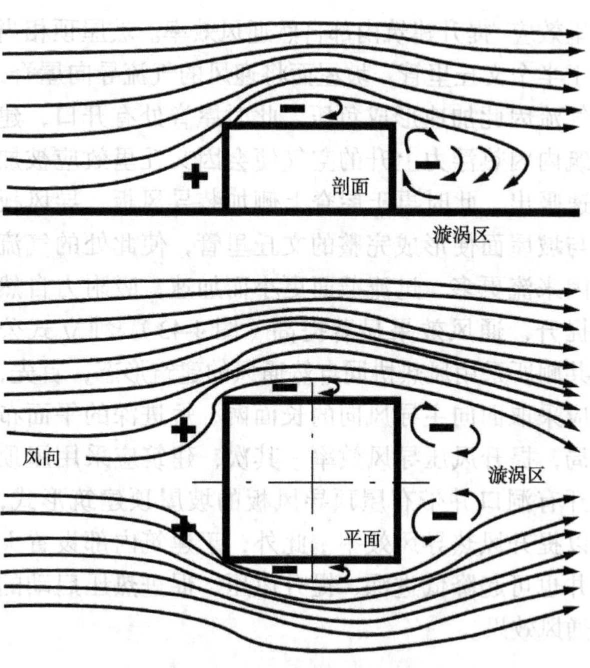

图4-42　风吹到建筑产生的正负压力区

4.8.4.2　热压引动的自然通风

风压引动的自然通风受诸如主导风向的多变、静风天气时难以形成压差等客观因素影响大，通风效果并不是很稳定，此时，由热压引动的自然通风不失为有效的补充。

公共厕所建筑物内部诸多如厕者、卫生设施、维护设备都会持续释放热量，造成建筑物室内外的温度差，热压通风便利用这些热量引发空气流动的通风措施。建筑内部的空气受热上升，室外较凉爽的空气由低处的洞口补入，替换上升的热空气。此时，若在建筑顶部开设排出热气的洞口，则底部洞口会持续地补入凉爽空气，形成空气流动。这种俗称“烟囱效应”的自然气体的对流系统即热压通风。热压通风与建筑朝向和室外风环境关联不大，仅与室内外温差和建筑高度有关，其已成为公共建筑有效的自然通风降温方式。有研究表明，当室内外温差大于 1.7℃时，热压通风能发挥热舒适调节的作用。

热空气上升产生的力即热浮力，热压通风效果取决于热浮力的大小，而增大热浮力最简便的方法便是提高热压“烟囱”高度，即提升建筑空间高度以扩大空间上下开口的温差。因此，热压通风倾向于竖高型空间，以形成较大的温度垂直分层，驱动热空气向上流动。对单层建筑而言坡屋面是最好的选择，其可以提升进、排风口之间的竖向高差，并能促使室内受热气流沿倾斜屋面上升至屋脊开口处排出。此外，在建筑中设置中庭或者增加太阳能加热等手法，均是为增大温差、提升热通风效果的有效举措。

4.8.4.3　风热协同的优化

针对独立式公共厕所建筑体量小、单层居多、高度相对灵活、外环境风条件良好的特性，采用风压通风基本可以达到预期效果。但对于静风、低压等气候条件下，单纯依靠风压通风不足以解决通风问题，此时可以利用热压通风加以补充。因此，独立式公共厕所建筑设计应采用风压、热压协同手法，彼此取长补短以解决自然通风问题。

风热协同手法，即是利用流体力学中的文丘

里效应[①]提升建筑内部自然通风效率。坡屋顶相当于半个文丘里管，坡屋面将迎风的气流导向屋脊，气流因此加速形成负压，此时屋脊处有开口，建筑内因热浮力上升的空气便会因文丘里效应被加速吸出。此时再于屋脊上侧加装导风板，导风板与坡屋面便形成完整的文丘里管，使此处的气流因来流更多、过流截面更小而加速，吸附力自然提升，通风效果显著提高（图4-43）。独立式公共厕所采用风热协同自然通风的建筑形态，首先，应采取面向主导风向的长面阔、短进深的平面布局，提升风压导风效率；其次，建筑应采用屋顶开有洞口并带有屋顶导风板的坡屋顶建筑形式，以提升风热导风效率；此外，于建筑内部设置天井也可起降低进深、提升风压、促进热压启动的通风效果。

4.8.4.4 建筑洞口位置

建筑立面的洞口开口大小和位置都直接影响建筑内部的进风量和通风方向，洞口大则流场大，洞口小则流场相应小。据测定，当建筑洞口宽度为开间宽度的1/3~2/3，开口大小为地板总面积的15%~25%时，通风效果最佳。此外，开口的相对位置对气流路线起着决定作用，进风口与出风口宜错开设置，这种错开最佳效果是空间上的位置对置，以使气流在室内改变方向，室内气流更均匀，通风效果更好。如图4-44所示，建筑平面开口有利于通风的最佳位置是迎风面和背风面同时有开口，侧面开口次之。相邻两侧墙体开口时，应尽量避免洞口距离过近。洞口距离过近容易造成类似于“短路”的气流现象，使通风效果大打折扣。

建筑垂直界面方向上不同高度的洞口，除会给室内带来不同的空间效果外，对室内的通风也影响较大。如图4-45所示，在建筑前后墙面开设洞口，室内会有穿堂风的通风效果。此时，进风口越低通风效果越佳；出风口越高越容易引起热压通风，通风效果也越好。因此，低进高出是建筑最有利的气流通风模式。当一些洞口因设计需要不能满足低进高出时，可于低处开设微型带状进风口、高处开设隐蔽出风口作为补充，以综合利用风压和热压通风强化通风效果。当然，如能将最佳通风位置的洞口与外立面

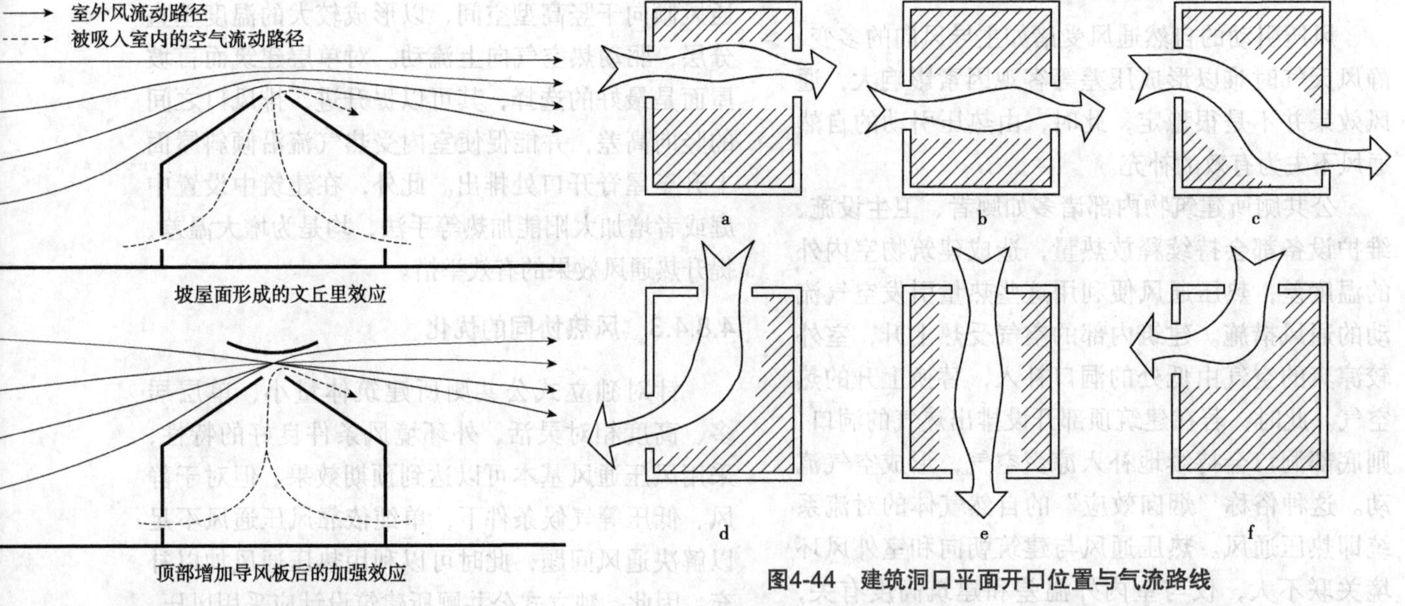

图4-43　坡屋面顶部导风效应

图4-44　建筑洞口平面开口位置与气流路线
斜线部分为通风效果较弱区域，图中c、d开口方式通风效果较佳

①以意大利物理学家文丘里（Giovanni Battista Venturi）命名，指非黏性流体缩小的过流断面时，流体出现流速增大的现象，其流速与过流断面呈反比。通俗地讲，这种效应是指在高速流动的流体附近会产生低压，从而产生吸附作用。

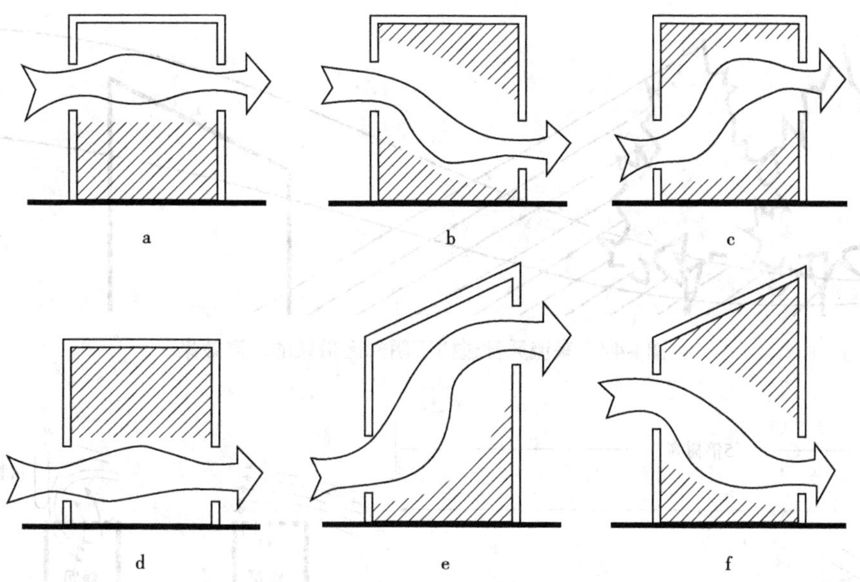

图4-45　建筑洞口竖向开口位置与气流路线

斜线部分为通风效果较弱区。图中e开口方式通风效果较佳

图4-46　斯蒂文·霍尔设计的麻省理工西蒙斯学生宿舍，采用九宫格的窗体形式将最佳通风洞口位置与立面窗体设计有效结合为一体

窗体设计结合于一体，则是建筑设计的最佳选择（图 4-46）。

4.8.4.5　合理配置植物强化通风

由于植被具有蒸腾、反射与遮阳的综合作用。绿化区域温度会比非绿化区域低，因此，将室外绿化与自然通风相结合可以使建筑获得更好的排热降温效果。绿化对室外热环境的改善作用以乔木为佳，下沉式绿地次之，灌木与草坪影响作用并不突出。因此，于建筑室外上风口处布置下沉式绿地或利用下凹地形，可改变建筑外部环境微气候，对建筑室外热环境的改善具有良好的作用。此外，建筑外墙的垂直绿化也对建筑降温、噪声隔离等起到一定的作用。

有研究表明，不同的植物种植方式具有不同的导风作用，成排的植物类似于导风板，可以

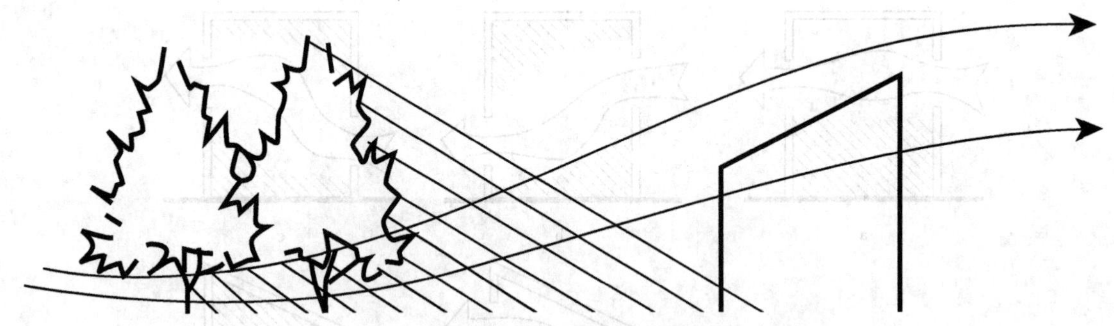

图4-47　来流风穿过树下阴影区带来的降温效果

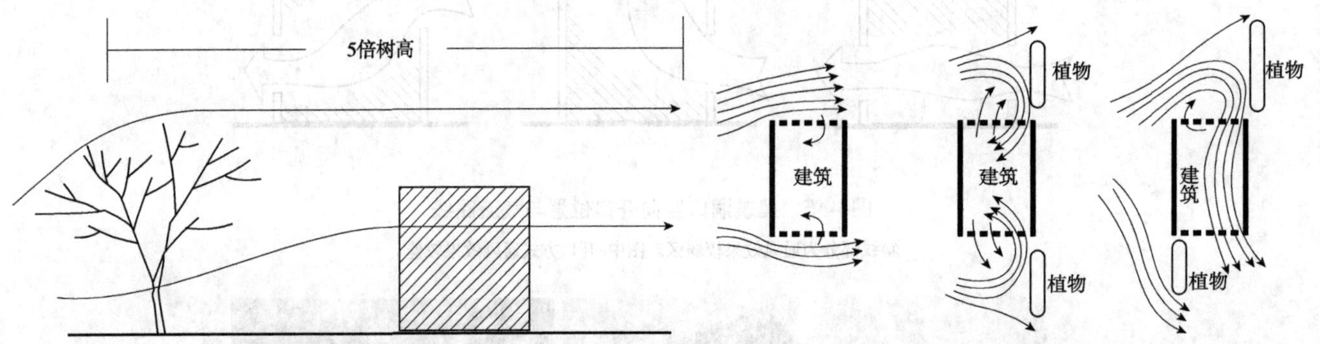

图4-48　树木对来流风的影响最多至树高的5倍距离

图4-49　利用植物导风作用改变建筑周围的气流扰动

改变气流方向。于建筑主导风向前端设置成排的乔木，可使气流由树下阴影区穿过，在降低来风温度的同时，提升风压、热压的通风效率（图 4-47）。

此外，树木还可以减低风速，通常情况乔木降低风速的影响范围，迎风可达树高的 5 倍距离，背风可达树高 2 倍距离（图 4-48）。且其周围的流场分布呈梯度风变化规律，风速随树木高度增加而增加，树冠越高其周围风速的变化越小。单排乔木（横列于风向）对来流风的削弱作用小于单棵树，但其树木之间可对气流形成有效的引导作用，加大风速。虽然试验表明，双排乔木的设置方式对风速大小影响与单排树设置方式差异不大，但其在有效引导气流上效果较好。因此，对气流扰动较大的区域，可利用其导风作用于建筑附近合理设置，以改变建筑周边风流的扰动，使风流方向有利于建筑的室内自然通风（图 4-49）。

4.9　独立式公共厕所建设标准的再思考

4.9.1　公共厕所分类标准执行的弹性处理

现行《城市环境卫生设施规划规范》（GB 50337）中要求公园绿地需要按照《城市公共厕所建设标准》（CJJ 14—2016）中一类卫生间的标准来建设。而实际上一类卫生间的一些标准对完善如厕体验而言，其功能并非是必要的配置，且现有的情况下也很少有公园可以做到。比如，一类标准的卫生间要求位于南方的卫生间安装空调，并需要配置面积在 $6m^2$ 以上的管理间，必须使用半挂式小便器、高档坐便器……如果要求独立式公共厕所完全达到这些标准恐会造成土地资源和财力物力的浪费，如能适度放松对管理室面积、小便池间距、男女卫生间和第三卫生间面积等指标要求；对于空调或取暖设备则允许结合景区实际情况和当地实际气候条件自行取舍……这些灵活而有弹性的改变，所

图4-50 马桶坐垫清净剂的配置能使如厕更加卫生，也是公共厕所真正更加需要的配置

图4-51 日本公共厕所的女厕内通常会设置小的感应式垃圾盒；只要将手放在附近，垃圾盒就会自动打开，把生理用品丢进去之后再用手靠近就会自动关上；全程看不到垃圾也不用碰触盖子，既卫生又避免尴尬

节省的成本完全可以投入对公共厕所以及周围环境的通用设计的提升工程上，或者用以改善卫生洁具的通用配置上。在公共厕所内配置感应冲水装置、感应水龙头、自动厕垫更换机等自动化设备（图4-50、图4-51），比空调、管理间面积等指标的坚持更有使用价值，更能提升公共厕所的使用效率和便捷程度。

4.9.2 规范设计上应完善人性化的通用设计标准

现行《城市公共厕所建设标准》（CJJ 14—2016）中对于公共卫生间无障碍设施的规范，要求参照《无障碍设计规范》（GB 50763—2012）。而在这一规范第 3.9 节“公共厕所，无障碍厕所”中，对无障碍卫生间的建设进行了详尽的规范要求。但是，所规定的规范要求局限于对需乘坐轮椅群体的无障碍设施的限定，即设计规范主要用于保障肢体障碍人士的使用需求。而在实际使用中，许多真正的需求却未能得到满足。主要是因为实际使用中，真正有特殊需求的使用群体绝大多数是视障人士、失智群体、孕妇、儿童、老年人等群体，加之普通人群在身体抱恙、与老人儿童同行、携带行李出行等时候，也会需要辅助设施的帮助。设计规范对这些群体的需求几乎没有考量，设计规范的保障更是很少提及。

因此，现行通用设计规范需要进行全面的完善，以保障这些特殊的使用需求。完善主要应从以下几方面加以考虑：

①转变规范的设计思想 规范的保障设计应由面向保障弱势群体的视角，转向保障有特殊使用需求群体的视角，通过切实分析真正发生的特殊使用需求，在规范尺度、设施配置、材料选用、安装方式的规范和要求上制定详细的标准。

②纳入强制执行标准 通用设计的保障只靠管理部门的提倡与推广，不足以激发基层建设或改造公共厕所的动力，必须依靠设计规范的强制执行力才能实现对这些特殊需求的保障。因此，规范中应该采用“须”“禁止”等保障规定，使通用设计的规范纳入强制执行体系。

③保障实效来自最后一米的保障 现行规范得来于使用尺度及使用原理的保障，实际使用中往往并不方便乃至失效。加之实际建造中选择宁

少勿多、只做规范中必须要做的保障（强制标准）是无可厚非的选择，在有与无的选择中，现有规范因过于宽泛，必然使规范陷入保障失效的泥潭之中。比如最为常见的盲道铺设规范，只是设定了路线、提醒、障碍、材料等属性的规范，未有针对能够快速安全地引导盲人找到公共厕所出入口乃至厕位的有效措施的规定。因此，这最后一米的人性化关怀的保障，才是发挥有效保障的关键（图 4-52）。

4.9.3 方便维护与清洁

方便维护与清洁往往是设计者最易忽视的问题，却是管理者最为看重的目标。为了彰显独立式公共厕所的科技感、私密性、整洁度、个性化等一系列优秀品质，设计者往往采用大面积的幕墙、通高的穿衣镜、光可照人的板材等美观性较强的设计语言和建筑材料，却忽略了设计的高度、宽度、距离是否方便维护人员的通行和清洁，是否可以很轻松地使用清洁工具的问题。因设计不当造成的日常维护的难点和死角，常为管理者和清洁人员所诟病，曾经具有最先进厕所文化的、公认最方便的日本，这样的诟病也难以幸免。早在 1988 年，日本东京都福利局主办的轮椅用洗手间设计竞赛，并采用优秀作品，加以改进后建造了残疾人优先使用的“舒畅洗手间”。卫生间不仅在使用方便性做到了极致，还增设了尿布更换台和幼儿微型便池，希望建成后成为母子、老人等人群能自由使用的典范。但这种在当时技术条件下堪称典范的尝试却忽略了使用后的管理和清洁：首先，“谁都能用的洗手间”概念没能渗透到维护管理层，投入使用后，负责人就曾抱怨过：“这既然是残疾人用洗手间，如果让普通人随便用可就麻烦了，因为清扫工作受不了”；其次，虽然安装了内藏式垃圾桶，却因使用不便，不得不在便池旁另外放置了三角形的废纸箱；最后，好不容易增设的为使用人工肛门和人工储尿器的人士专用的洗手池，却因没有使用说明，没能起到应有的作用，……此类不协调之处还有许多案例。

这些设计的不足，对我国目前的独立式公共厕所而言同样存在。可见设计者、管理者、清洁人员之间的信息沟通的重要性，没有建立良好的沟通，无论多么出色的设计都会变得毫无使用价值。为方便维护与清洁，在制定公共厕所设计规范时，必须综合考量管理者、清洁者、建造者以及不同使用群体的切实需求，在材料选择、尺度安排、工学设计、建造工艺上的灵活性和便捷性上，制定详细设计的阈值，使设计者在设计时有矩可循。

图4-52　盲道铺设最后一米的关爱是发挥有效保障的关键

复习思考题

1. 简述公共厕所常见的平面布局方式。
2. 简述公共厕所内部功能与交通流线的关系。
3. 简述独立式公共厕所建筑与环境要素之间的关系。

推荐阅读书目

1. 外部空间设计.（日）芦原义信著．尹培桐译．中国建筑工业出版社，1985.
2. 建筑设计资料集（第三版）．建筑设计资料集编委会．中国建筑工业出版社，2017.
3.《无障碍设计规范》（GB 50763—2012）.
4. 建筑设计方法．黎志涛．中国建筑工业出版社，2010.

第5章 户外独立公共厕所案例

5.1 案例：日本濑户内海伊吹岛某公共厕所

5.1.1 设计概况

位置：日本，濑户内海，伊吹岛；

面积：287.7m^2。

5.1.2 设计思想

建筑设计师石井大五与合作团队希望借助日本濑户内海的伊吹岛这栋看来不算太起眼的公共厕所（图 5-1），让全世界了解濑户内海往日举足轻重的历史位置，同时向外来的游客诠释当地风土人文。

从公共厕所整体外观看，原本四四方方的长方形基质被切割成许多块不规则形状（图 5-2），图 5-3 中橘绿两色线条正是建筑师的创作理念：以濑户内海为中心，橘色线条向外延伸可以到达世界六大洲的重要都市（伦敦、纽约、圣保罗等）；绿色线条则参考太阳方位，取自日本传统农历的重要节日，各不同节日早上 9:00 时太阳所照射过来的方位（图 5-4）。

图5-1 建筑整体效果

图5-2 长方形切割

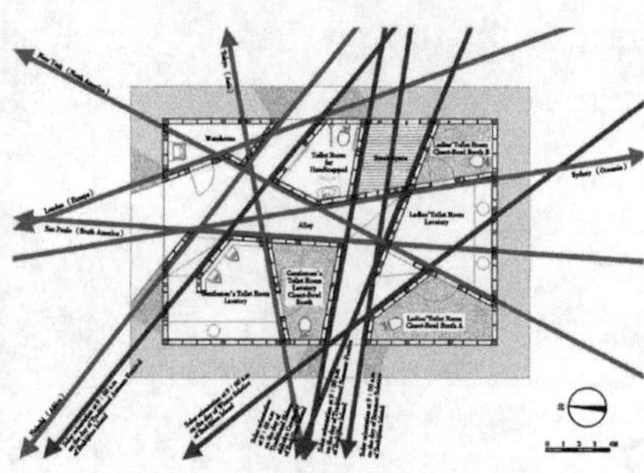

图5-3 切线含义：重要都市

图5-4 切线含义：太阳方位

石井通过墙面与屋顶的透明材质将光源引入，每间独立的厕所都有不同的几何形光线来装点，时尚又活泼（图 5-5）。此外，光线进入房间的过程体现了当地的季节变化性，进一步强调了地域特征。建筑内可以随时看见来自六大洲主要城市方向的自然光线，隐喻着小岛的国际性及其与世界的密切联系，象征国际性与地域性并存。六种方向的自然光线集中在岛上这一点，同样体现了场所自身与世界的关系。同时光线由缝隙引入也起到了通风和空间分隔的作用，一个个小隔间和两个不同的出入口保证了人流的分散引导和较强的私密性。

此外，建筑师做了精细的地域人文调查，建筑物的外墙以木材为主体，并涂上与当地民宅相似的深色漆料，而向内的墙面则选用聚碳酸酯波浪板，外观上很好地与环境融和（图 5-6）。这个公共厕所的设计，不仅只是解决生理问题，建筑师更将当地的历史与人文融入其中，成为当地的一个景点。

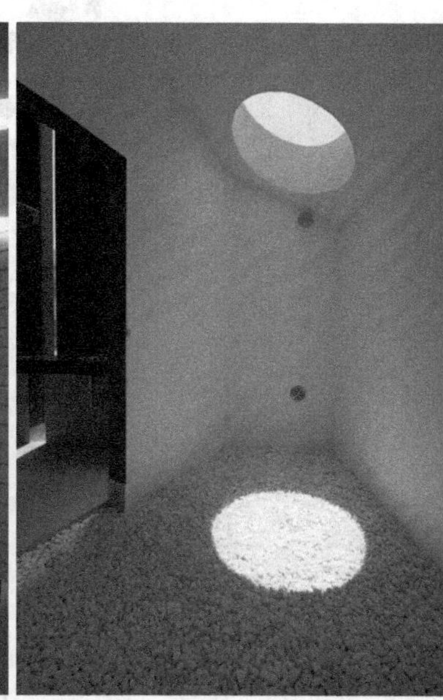

图5-5　光线的透入

图5-6　墙面材料、漆料的质感

5.1.3 设计图纸

具体如图 5-7 至图 5-9 所示。

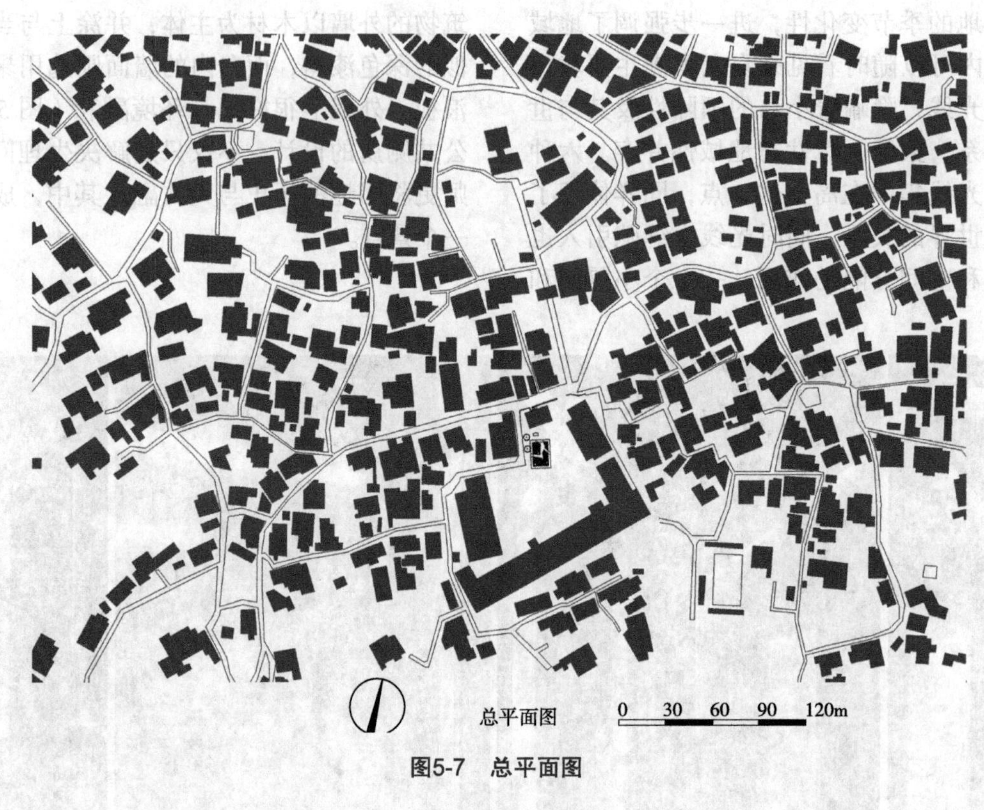

图5-7 总平面图

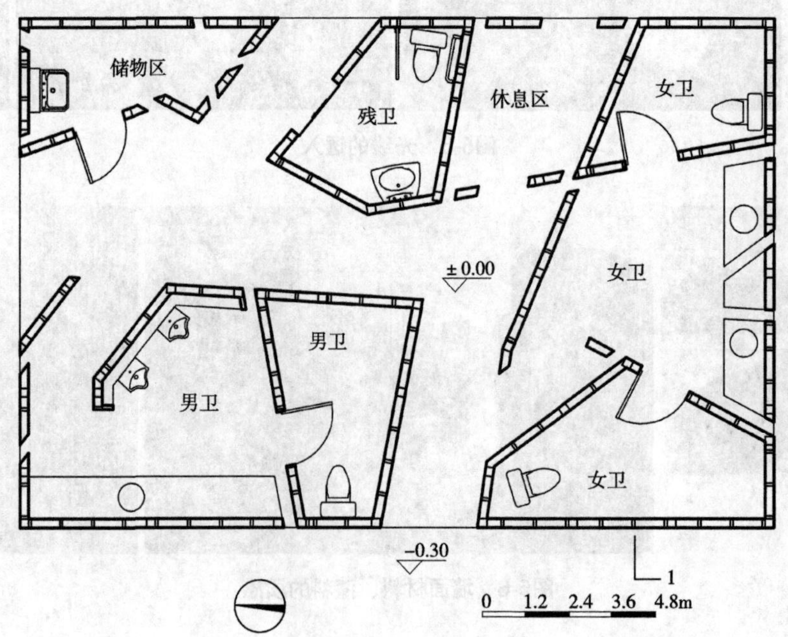

图5-8 平面图

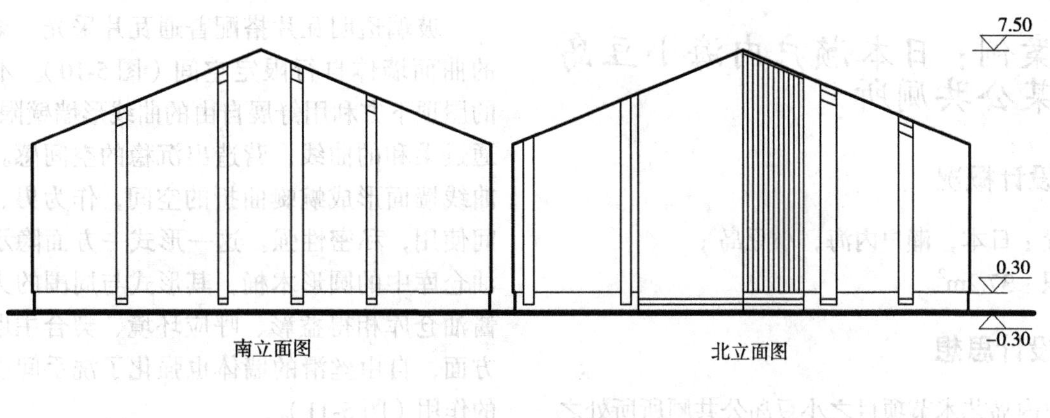
7.50
0.30
-0.30
南立面图
北立面图

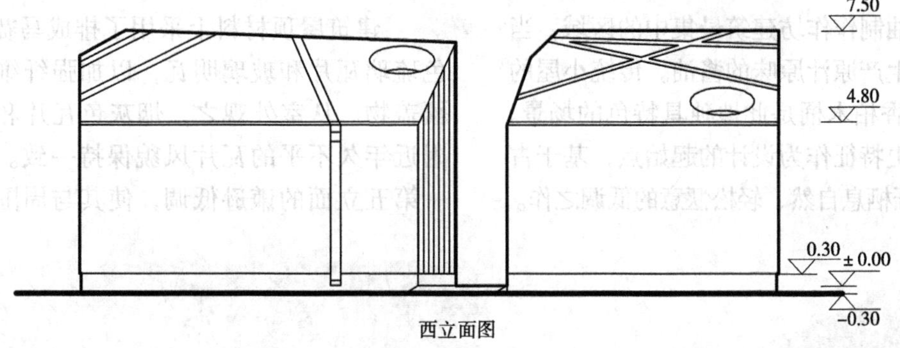
7.50
4.80
0.30
± 0.00
-0.30
西立面图

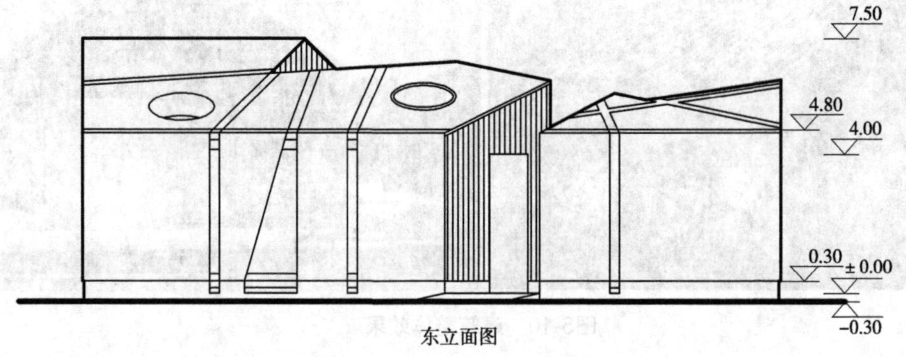
7.50
4.80
4.00
0.30
± 0.00
-0.30
东立面图

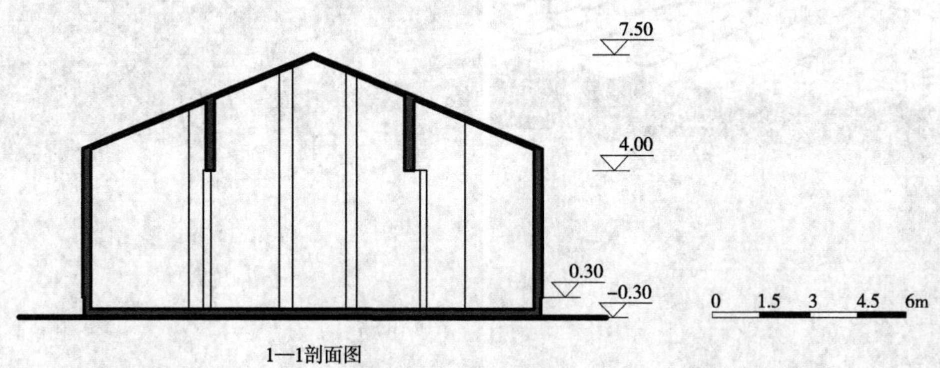
7.50
4.00
0.30
-0.30
0
1.5
3
4.5
6m
1—1剖面图

图5-9　立面图与剖面图

5.2 案例：日本濑户内海小豆岛某公共厕所

5.2.1 设计概况

位置：日本，濑户内海，小豆岛；
面积：37.2m^2。

5.2.2 设计思想

濑户内岛艺术节项目之小豆岛公共厕所所处之地是日本现代酱油制作作坊建筑最集中的区域，当地人用传统配方生产原汁原味的酱油。传统小屋的构架和地上的大香柏木桶是此地独具特色的场景。建筑师将这一历史特征作为设计的起始点，基于古老的酱油作坊展开栖息自然、轻松惬意的低调之作。

玻璃透明瓦片搭配普通瓦片采光，柔展自由的曲面墙体自行限定空间（图 5-10）。木制结构的屋顶下方利用舒展自由的曲线形墙壁限定空间，通过柔和的曲线，营造出沉稳的空间感。白色的曲线墙面形成蜿蜒曲折的空间，作为男、女洗手间使用，私密性强。这一形式一方面隐示着老酱油仓库中的圆形木桶，其形式与周围的大型杉桶酱油仓库相得益彰、呼应环境、契合主题；另一方面，自由丝滑的墙体也强化了洗手间引导人流的作用（图 5-11）。

建筑屋顶材料上采用了排成马赛克花式的烟色琉璃瓦片和玻璃明瓦，以加强纤维复合板作为覆盖物。从室外观之，烟灰色瓦片和玻璃明瓦与附近年久不平的瓦片风貌保持一致。建筑屋顶这一第五立面的谦逊低调，使其与周围环境十分融

图5-10　建筑整体效果

图5-11　曲面墙体分隔空间、引导人流

图5-12　屋面瓦片的质感和夜晚光线效果

图5-13　曲面墙体与瓦片打造的建筑艺术品

合，自然地成为乡土瓦房中的一份子，创造了一个与当地乡村环境相融相生的形式美学，且两种瓦片的搭配排列，使得白天光线斑斑驳驳撒进屋顶之下，内部空间更加明亮；夜晚室内光线由里面倾斜而出，温馨惬意（图 5-12）。

总体而言，白色曲面墙体与瓦片使得建筑嵌入周围环境，水乳交融。在体现地域文化特色的同时，也满足了其作为公厕的空间分隔和采光的需要。利用建筑美学和生态美学来提升厕所建设，让厕所变为一个可以令人欣赏的建筑艺术品（图 5-13）。美中不足的是草架式的设计使得建筑并不密闭，虽通风效果突出，但由于厕所面积不大，空间不密闭导致声音的私密性不强，如厕时会存在一定干扰。

5.2.3 设计图纸

具体如图 5-14、图 5-15 所示。

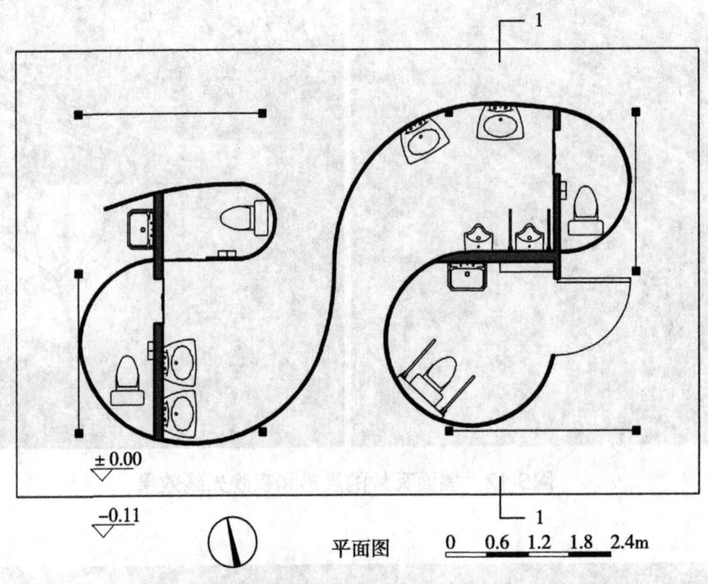

图5-14 平面图

4.50
2.80
2.10
±0.00
−0.10
0 0.7 1.4 2.1 2.8m
东立面图

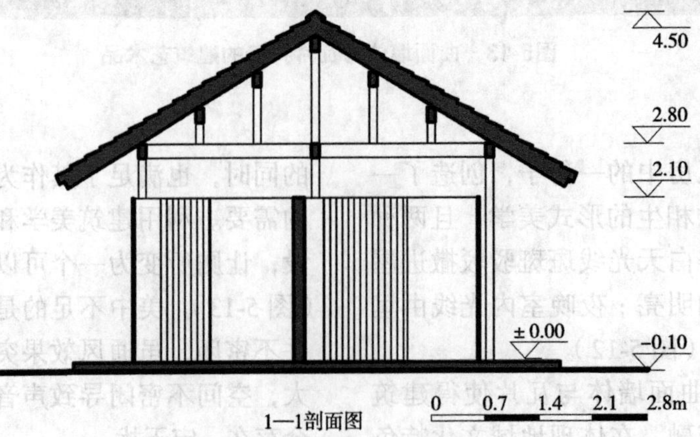

图5-15 立面图、剖面图

5.3 案例：美国Trail Restroom

5.3.1 设计概况

位置：美国，得克萨斯州，奥斯汀市；

面积：70 平方英尺（约 6.5m²）。

5.3.2 设计思想

柏德女士湖（Lady Bird Lake）的徒步道和自行车道是一条沿着奥斯汀市中心科罗拉多河河岸的线性风景游览道，深受跑步者和自行车爱好者喜爱。Trail Restroom 由 Trail 基金会建造，建筑设计宛如雕塑，由 49 块 3/4 英寸（约 1.9cm）厚的竖直耐候钢板围合而成。建筑钢板宽 0.3~0.6m、高 0.4~3.9m，沿着道路交叉口顺势展开，一端向内盘绕自然形成洗手间的墙壁，布局中钢板交错排列，对视线、光线以及新鲜空气的渗透进行了有效的控制（图 5-16、图 5-17）。

建筑不设台阶，以轻微的坡度直接与室外的沙砾地面相接，通用设计十分方便。这个简单的建筑除了马桶、小便器、水槽和长凳之外，还包括一个饮水机和室外淋浴设施。建筑很少需要维护：水管装置是由耐用的不锈钢制成的，内部不需要人工照明或机械通风，耐候钢面板会随着时间的推移自然老化（图 5-18、图 5-19）。

图5-16 建筑整体效果

图5-17 建筑立面效果

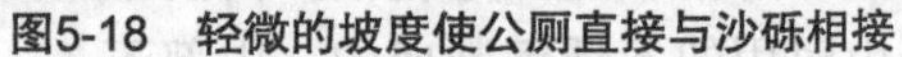

图5-18　轻微的坡度使公厕直接与沙砾相接

图5-19　不锈钢材料质感和内部设施

5.3.3　设计图纸

具体如图 5-20、图 5-21 所示。

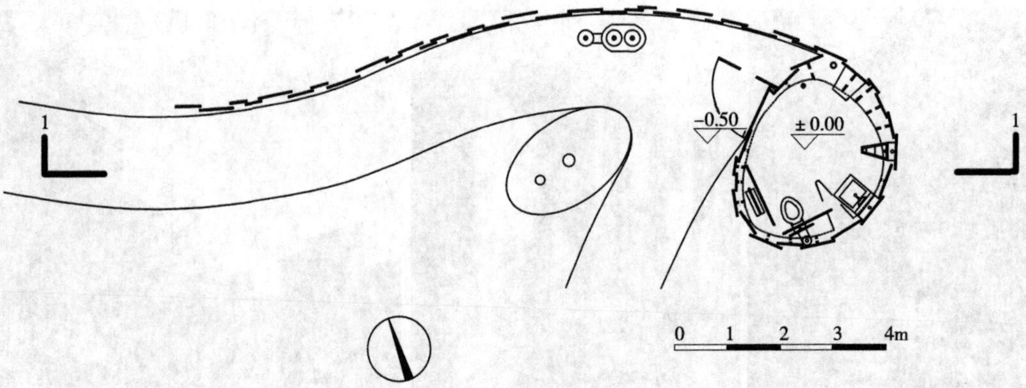

图5-20　平面图

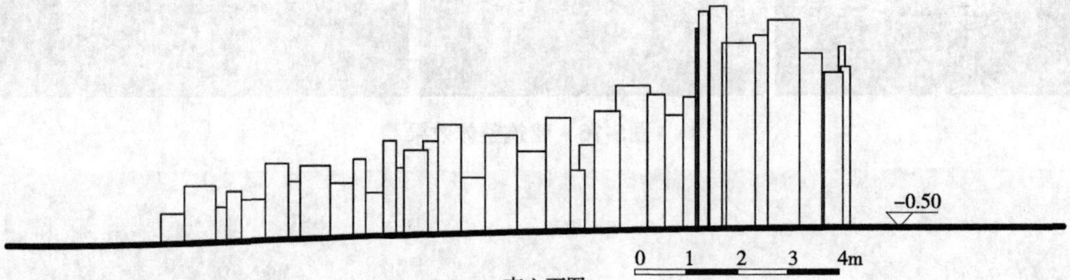

南立面图

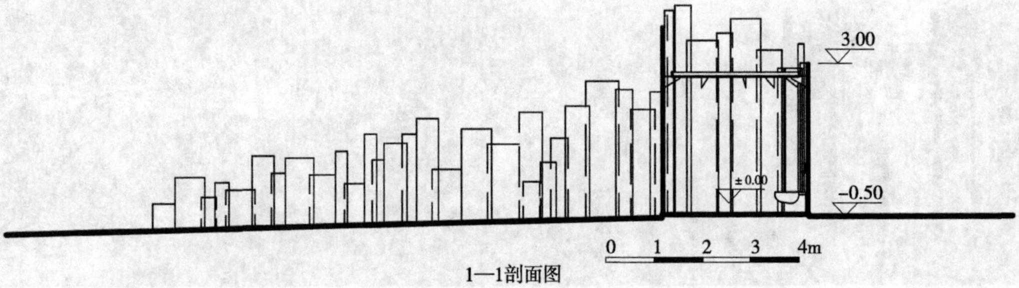

1—1剖面图

图5-21　立面图与剖面图

5.4　案例：挪威Aurland Public Toilets

5.4.1　设计概况

位置：挪威，奥斯陆市；

面积：50m²。

5.4.2　设计思想

该公共厕所位于挪威弗洛姆著名景点斯泰格斯坦观景台旁，此处位置凌空、景色壮丽。设计者为尽可能欣赏美景，以黑色框架包裹木制立方体的形态特征将建筑置于平台之上，建筑凌空出挑，周围群山景色可尽收眼底。厕位外走廊以灰空间姿态削弱了建筑的景观屏障感，为美景开启了一处全新的视廊（图 5-22、图 5-23）。

建筑色彩质朴而厚重，与岩石挡墙遥相呼应、和谐共处，加之周围郁郁葱葱的峡谷景色，使建筑整体景观形态优雅而不失力量。建筑出挑部分使人们在欣赏景观能够沉浸在峡谷美景之中，并可领略景观的趣味性。加之巧妙的厕位朝向设计，使人们如厕时以全新的视角欣赏美景。如此设计既可使景观欣赏清晰而全面，又保护了如厕者的私密性，人们于此如厕完全可以放飞自我，毫无顾虑地纵情欣赏建筑外的自然美景，感受大自然的鬼斧神工（图 5-24 至图 5-27）。

图5-22　以黑色框架包裹木制立方体的建筑形态

图5-23　厕位外走廊灰空间所起到的景观作用

图5-24　厕位朝向

图5-25　郁郁葱葱的峡谷环境

图5-26　建筑外的峡谷美景

图5-27　出挑设计保护隐私、沉浸式赏景

5.4.3　设计图纸

具体如图 5-28 至图 5-32 所示。

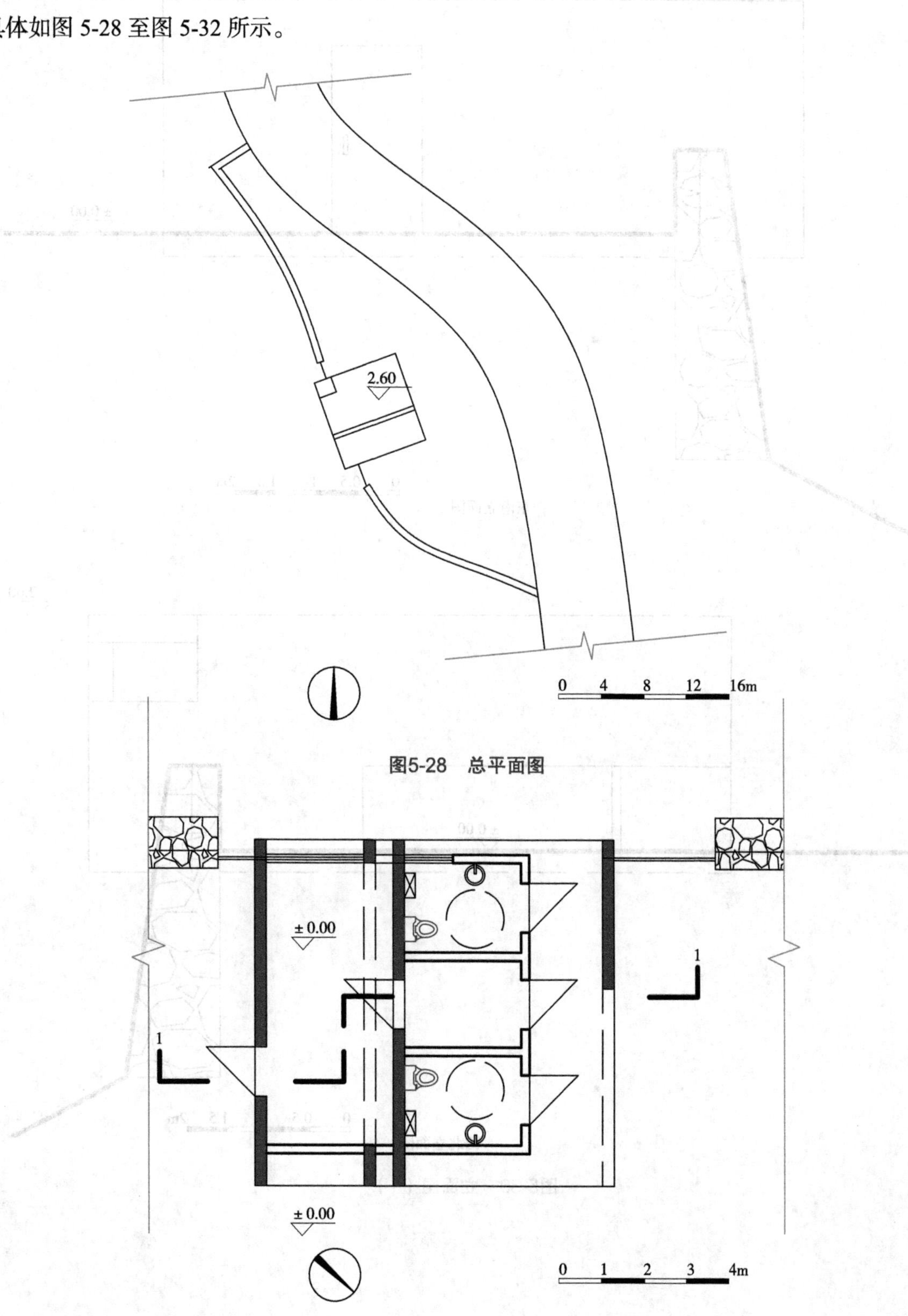

图5-28　总平面图

图5-29　平面图

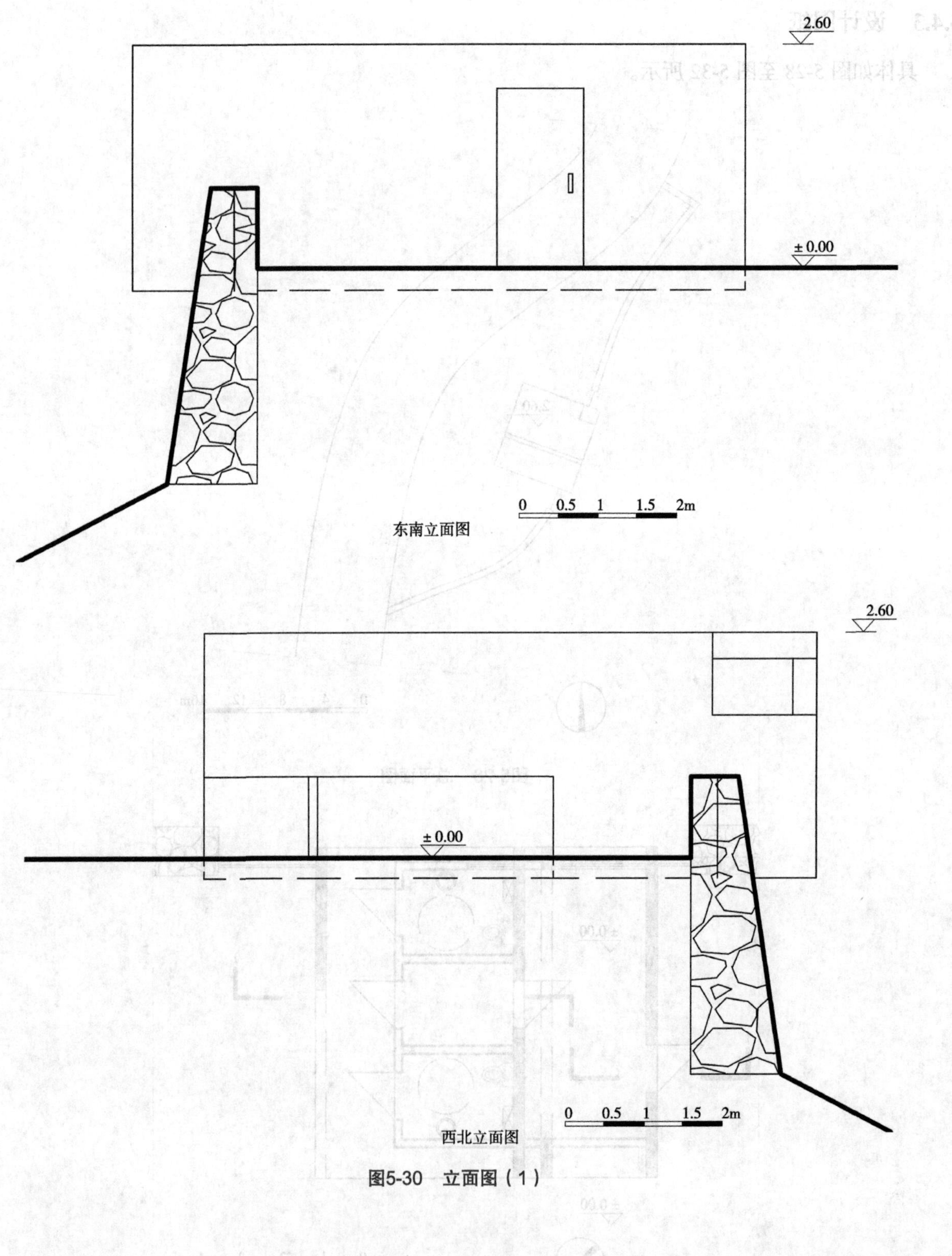

图5-30 立面图（1）

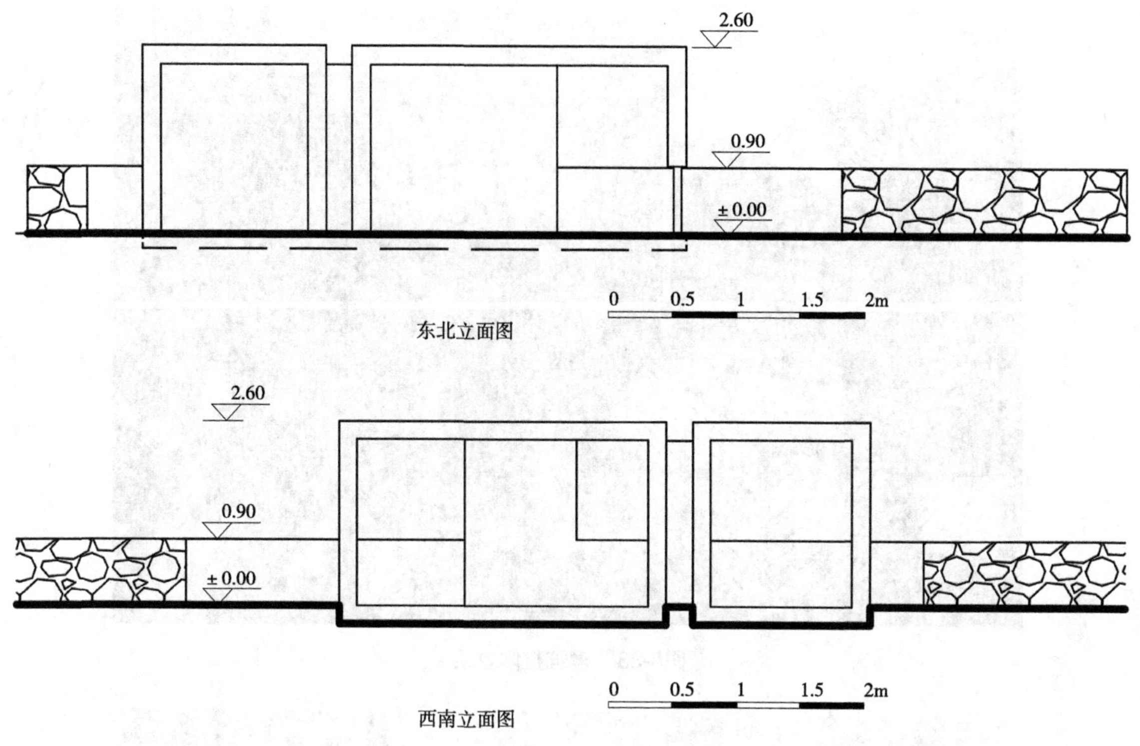

图5-31　立面图（2）

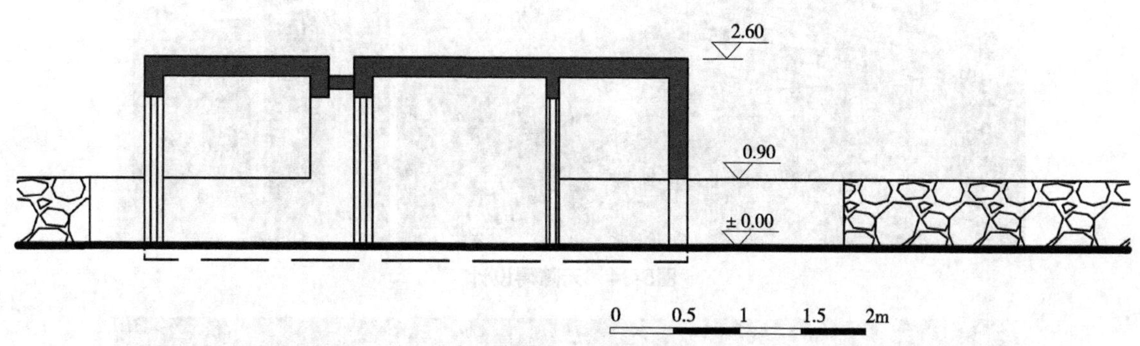

图5-32　剖面图

5.5　案例：挪威某海边服务区公共厕所

5.5.1　设计概况

位置：挪威，Jektvik 渡轮码头；

面积：30m²。

5.5.2　设计思想

Jektvik 地处挪威北部，夏天和冬天有着漫长的极昼和极夜现象。该小型服务区中设有等候区和公共厕所。设计者选择用半透明材料做建筑表皮，无形中使这个小建筑饶有趣味。在极昼极夜的天气条件下，透明与半透明材料使建筑内的光线透射而出，恰似一盏灯笼照亮挪威的漫漫长夜，光影中内外活动的人影愈发阑珊，使建筑更加温馨迷人，这恰恰是设计的初衷（图 5-33）。

图5-33　建筑整体效果

图5-34　无障碍设计

图5-35　有倾向屋顶围合的入口空间

在建筑的形体生成上设计师主要考虑到无障碍通行问题，建筑地面与外界路面相平，轮椅可畅通无阻。建筑与相邻房屋呈一定角度，且悬出的屋顶倾向相邻的建筑，以形成有一定包裹感的、独立的通往南侧码头的通道，以及一个有遮挡围合的入口空间。一体化悬挑结构成就鞍形屋面的同时，其内部空间为通风和管道安装提供了便利，建筑也因此具有了雕塑般的活力（图 5-34、图 5-35）。

5.5.3　设计图纸

具体如图 5-36 至图 5-39 所示。

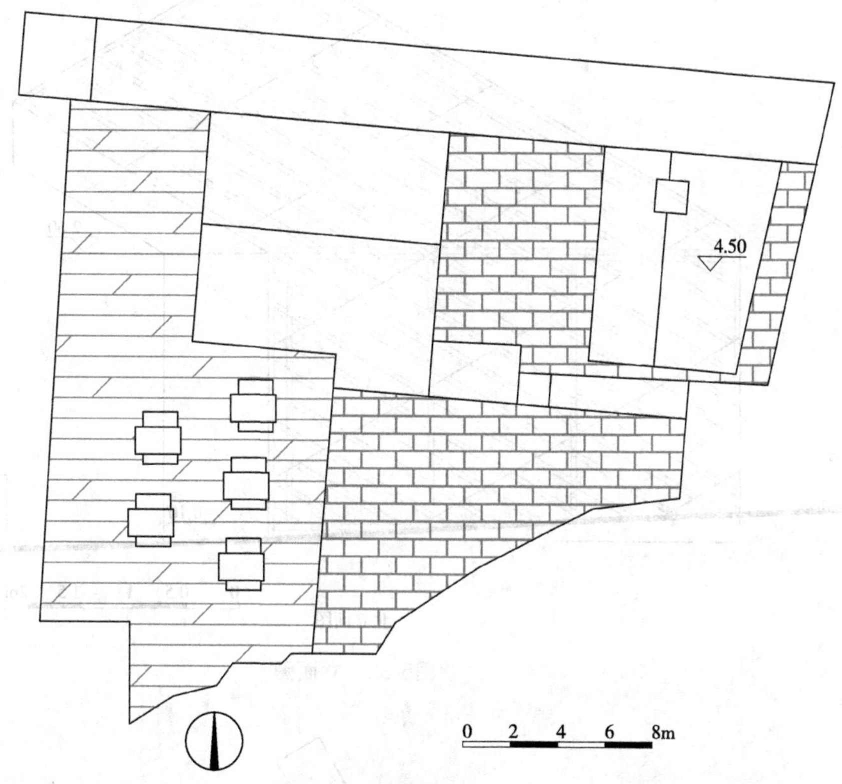

图5-36　总平面图

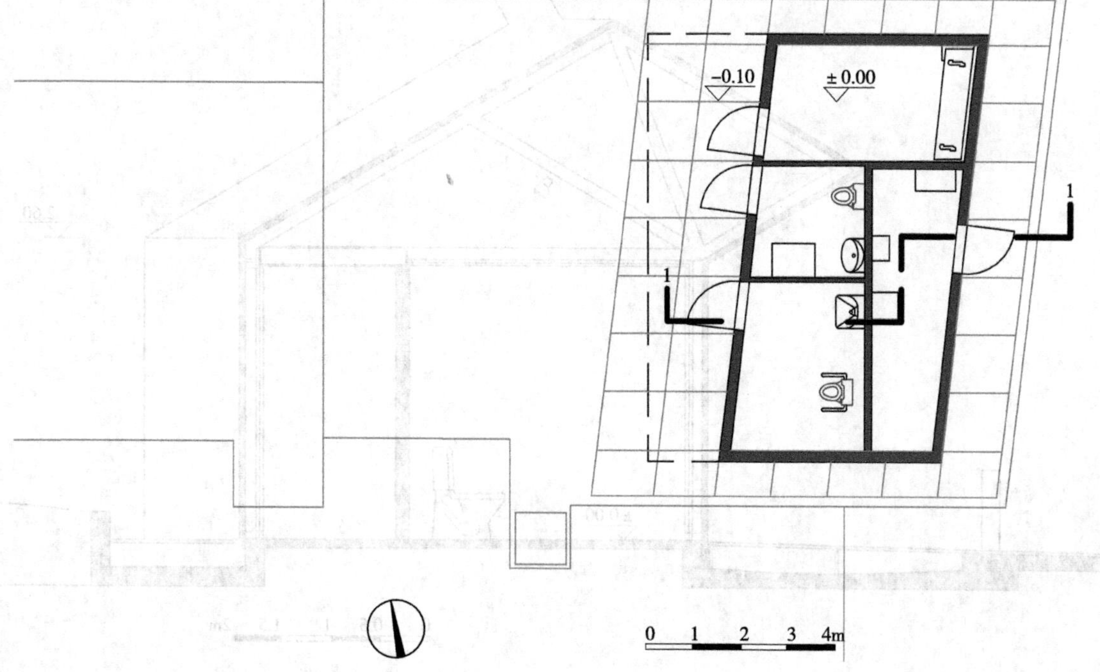

图5-37　平面图

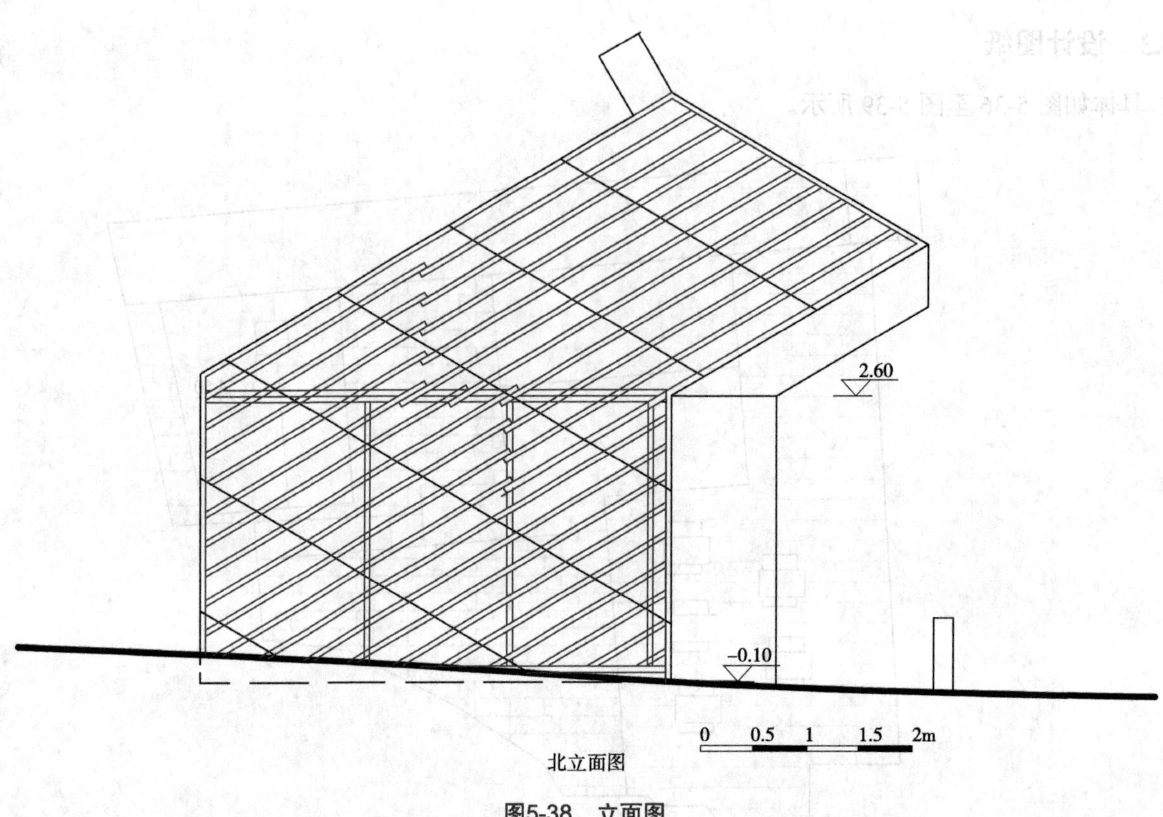

北立面图

图5-38 立面图

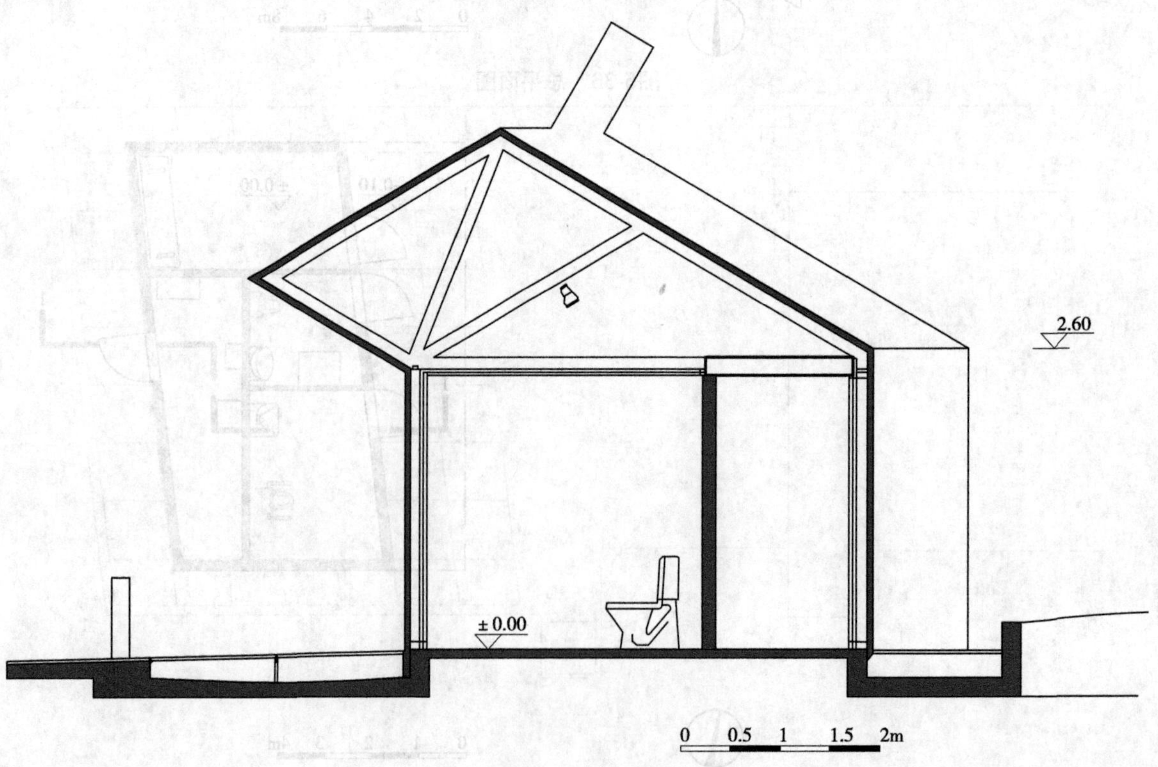

图5-39 剖面图

5.6　案例：浙江杭州东山公共厕所

5.6.1　设计概况

位置：中国，浙江，杭州市；

面积：149.7m^2。

5.6.2　设计思想

东山公共厕所位于浙江省杭州市萧山区的一处村落中，是萧山区乡村振兴背景下的公共厕所更新革命的示范点。场地形态和边界被周边环境限定得十分明确：用地形状为一小块三角形，底边一侧靠近一栋三层的现代民房，两侧边界分别是可以行车的村级道路，道路交汇处附近有一棵姿态良好的杉树（此种位置的树木通常被看作乡村的风水树）。场地毗邻流经村落的河水和一个村落的公共广场，傍晚时分经常会有村民沿着河边散步，广场也被村民用作健身、休闲以及举办各种活动的场所，因此此处建造公共厕所具有较强的公共性（图 5-40）。

设计者最初的考虑是希望这个空间能够成为一处公共性强、带有一丝包容性的开放性场所，村民们在上厕所之余可以完成更多的生活的、琐碎的活动，使日常生活真正走入建筑空间。也就

图5-40　建筑整体效果

是要打破传统公共厕所的认知界限，将公共厕所与公共活动融为一体。

为给村民创造更多公共活动的可能，设计者首先想要做的是打破传统公共厕所封闭、私密的刻板认知，采取化整为零的手段将其功能拆分成男厕、女厕、工具间、残卫间、洗手台、休息等候座椅等一个个自由独立的功能体块，再以化零为整的手法以一个完整的屋顶将一个个个体重新组合起来（图 5-41）。

拆分后的重组使空间可能性变得更加多样，单体之间自由进入使公共厕所彻底演变成一个开放的交流场所，带给村民更多使用的可能：洗手台变成了村民洗菜、洗杂物的地方；休息等候座椅变成村民无事闲聊的地方；屋顶下的灰空间变成村民可以自由穿行的共享空间……村民们在此相遇、交谈、玩耍，公共厕所已然变成了村民们的一个开心聚集点，其场所的公共属性自然溢出。邻里关系和睦，村民反映都愿意来此处上厕所（图 5-42）。

虽然实施过程中，对部分设计进行了调整：删掉一处楼梯，取消原来每个体块顶板的有色玻璃天窗，工具室体块与残卫合二为一，屋顶开设圆形洞口……所有这些调整均无伤大雅，原设计的核心价值被保留下来，共享生活的本质依然得到了有力的表现（图 5-43）。

建筑整体色彩搭配、形态组织、材料运用逻辑清晰组织明确，墙面与地面材质属性一致、颜色简单纯净：前者采用了掺杂黑白石子的水磨石；后者采用了掺杂灰色中等粒石的水洗石。两种材质的质感、肌理一个细腻一个粗糙，在不增加造价的基础上，于统一中增加了质感的比对，使设

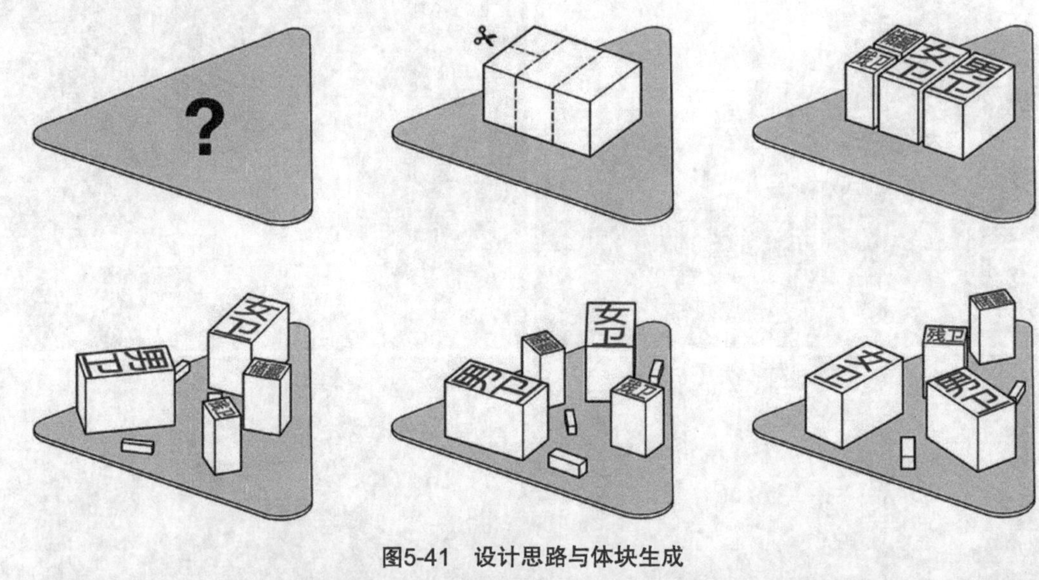

图5-41　设计思路与体块生成

图5-42　居民使用情况：公厕演变成村头巷尾的公共空间

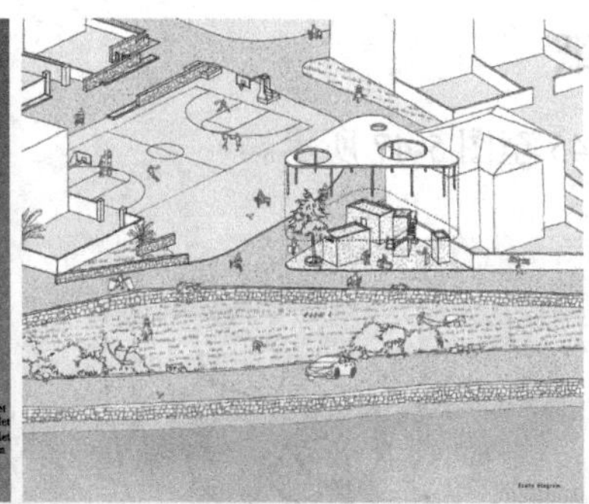

图5-43　方案与实际调整

图5-44　轻盈流动的空间

计愈发细腻。顶板与支撑柱均采用白色金属饰面与结构，钢柱不规则地穿插于体块之间，柱子与体块之间形成一种自由、无序的模糊状态，配以色彩、质感、体量的巨大落差，形成了雅致与粗狂、轻盈与厚重的对比。此种对比又统一于完整的屋顶形态所界定的开放空间之中。空间里公共性与私密性的两两对应，空气可以自由地流动，人们于其中可随意地穿来穿去，交通与活动的边界被完全模糊化，公共厕所成为一个自由、轻盈、流动、轻松的公共空间（图 5-44）。

5.6.3 设计图纸

具体如图 5-45 至图 5-47 所示。

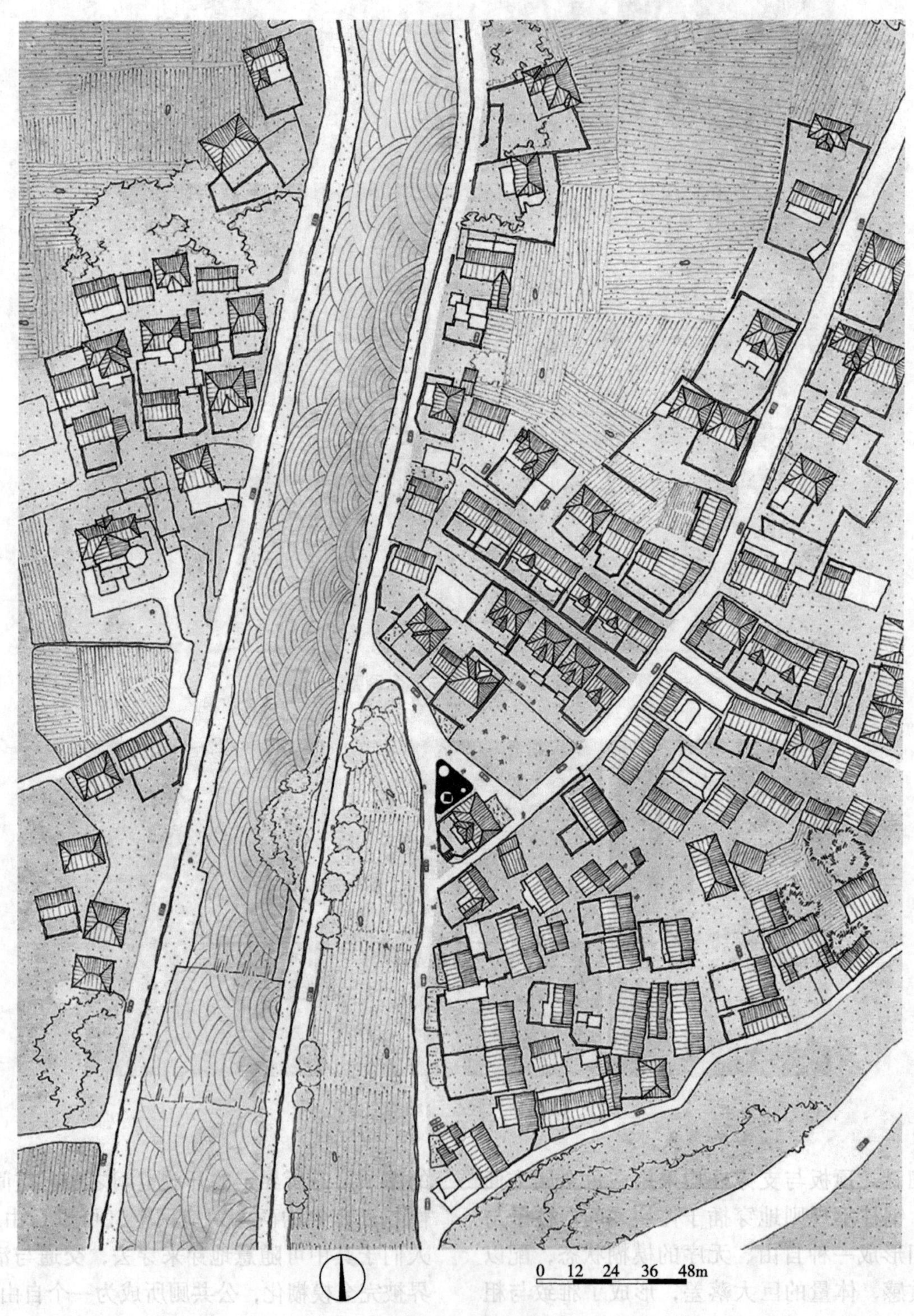

图5-45 总平面图

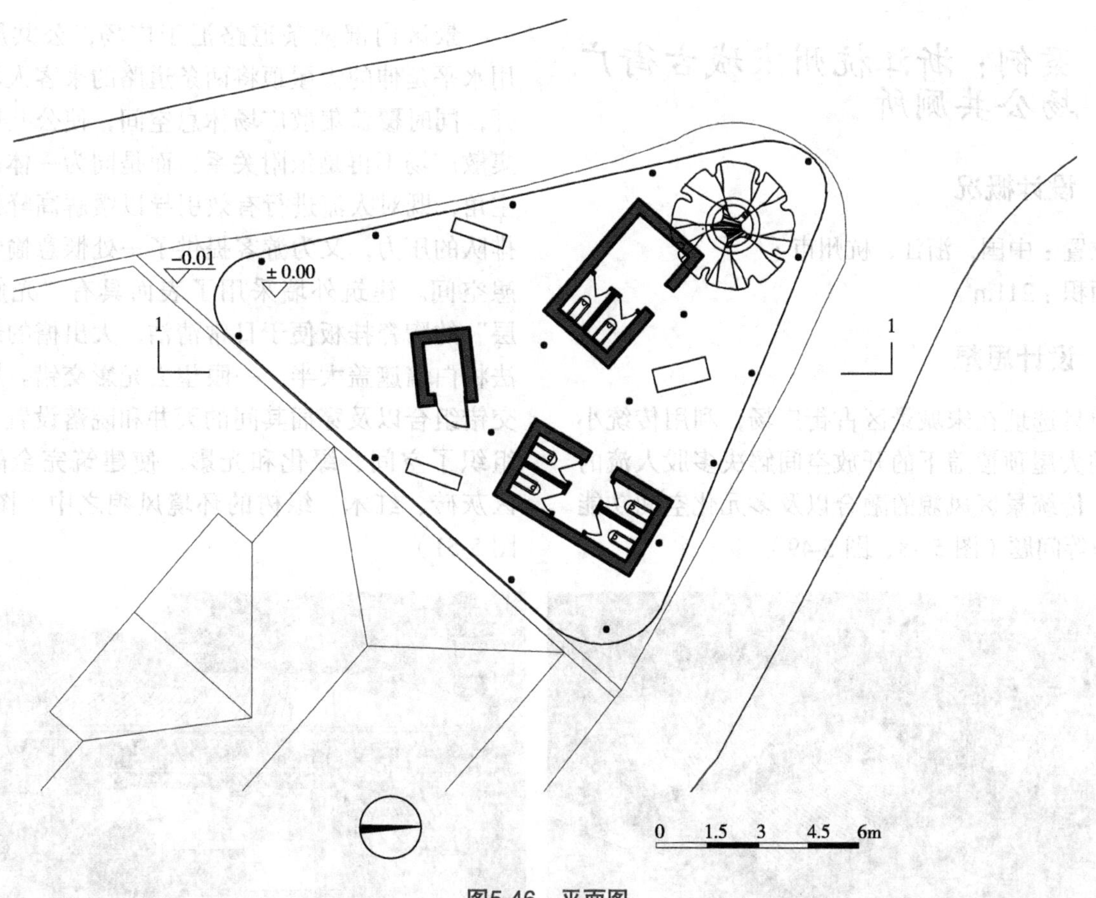

图5-46　平面图

4.10
3.60
3.10
0.45
± 0.00
−0.01
0 1.2 2.4 3.6 4.8m

西立面图

4.10
3.60
3.10
2.10
± 0.00
−0.01
0 1.2 2.4 3.6 4.8m

1—1剖面图

图5-47　立面图、剖面图

5.7 案例：浙江杭州宋城古街广场公共厕所

5.7.1 设计概况

位置：中国，浙江，杭州市；
面积：211m^2。

5.7.2 设计思想

项目选址在宋城景区古街广场，利用传统小青瓦的大屋顶覆盖下的开放空间解决多股人流的交叉，传统景区风貌的融合以及多元化空间功能的组织等问题（图 5-48、图 5-49）。

景区内部两条道路汇于广场，公共厕所利用水平延伸的大屋顶将两条道路的来客人流分散开，同时覆盖集散广场休息空间，使公共厕所与集散广场不再是依附关系，而是同为一体的空间主角，既对人流进行有效引导以缓解高峰期如厕排队的压力，又为游客提供了一处惬意愉悦的休憩空间。建筑外墙采用了表面具有“光触媒涂层”的陶瓷挂板便于日常清洁，大出檐的悬山做法将白墙遮盖大半，一眼望去光影交错。屋顶的交错组合以及穿插其间的天井和院落设置，有效组织了空间、绿化和光影，使建筑完全融于景区灰砖、红木、绿树的环境风貌之中（图 5-50、图 5-51）。

图5-48　建筑与古街广场

图5-49　大屋顶覆盖

图5-50　分流与休憩空间

墙体与屋顶的脱离处理使建筑结构更加清晰，空间也更加明亮而通透。钢制柱、梁、檩、椽的结构体系上承本色木板，白色墙体划分空间，暗灰色静音地面标定不同区界，低平的石质台阶与条形防腐木座面……木本色制衡下的黑、白、灰的色彩与质感无处不在，透露出新乡土设计手法的雅致与和谐（图 5-52）。

图5-51　空间、绿化和光影的组织

图5-52　黑、白、灰的色彩与质感

5.7.3 设计图纸

具体如图 5-53 至图 5-56 所示。

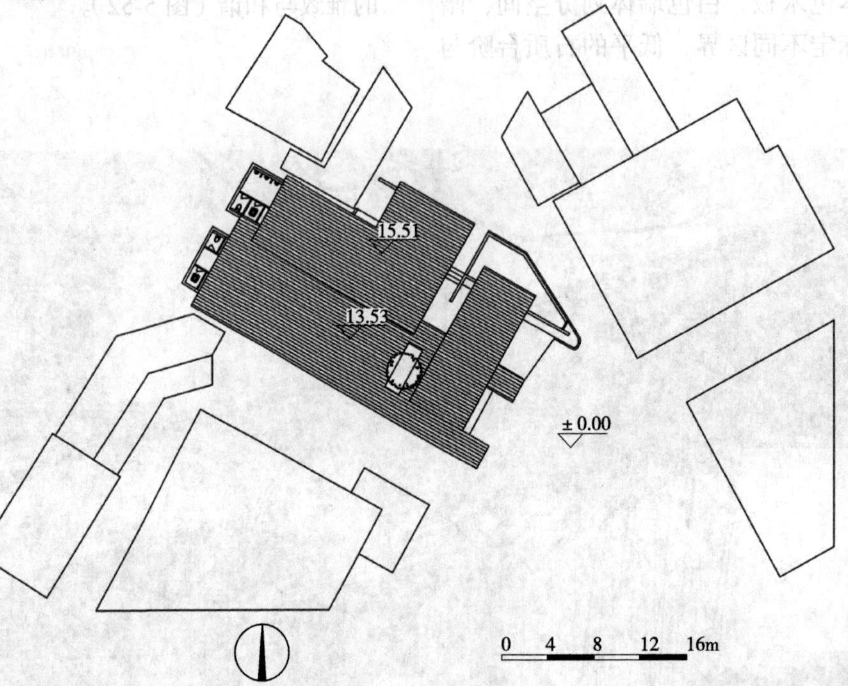

图5-53　总平面图

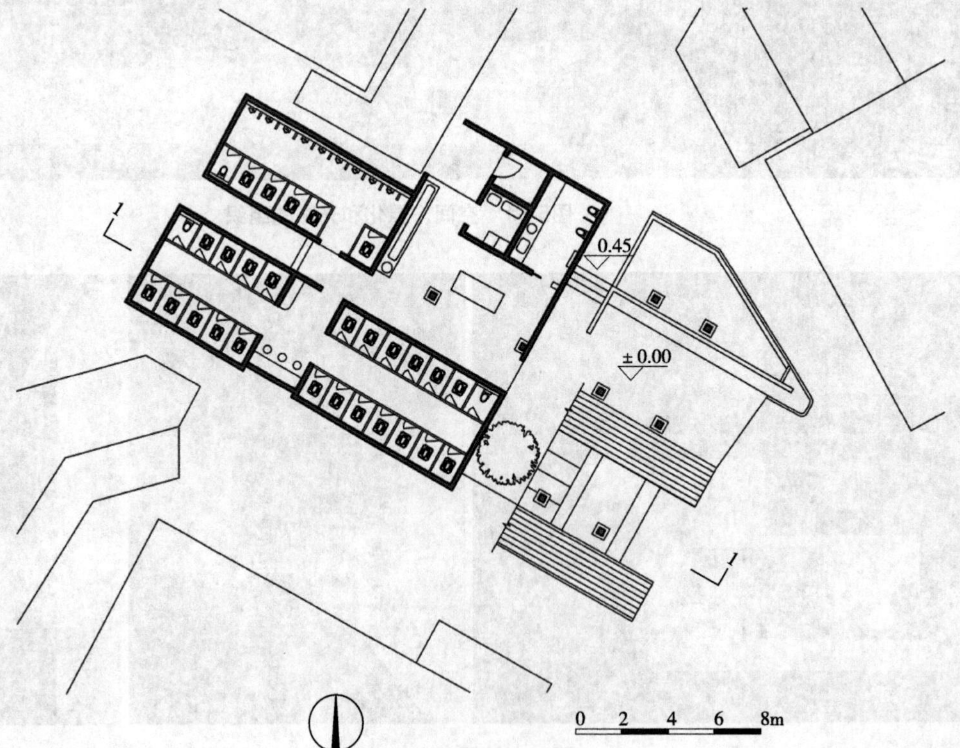

图5-54　平面图

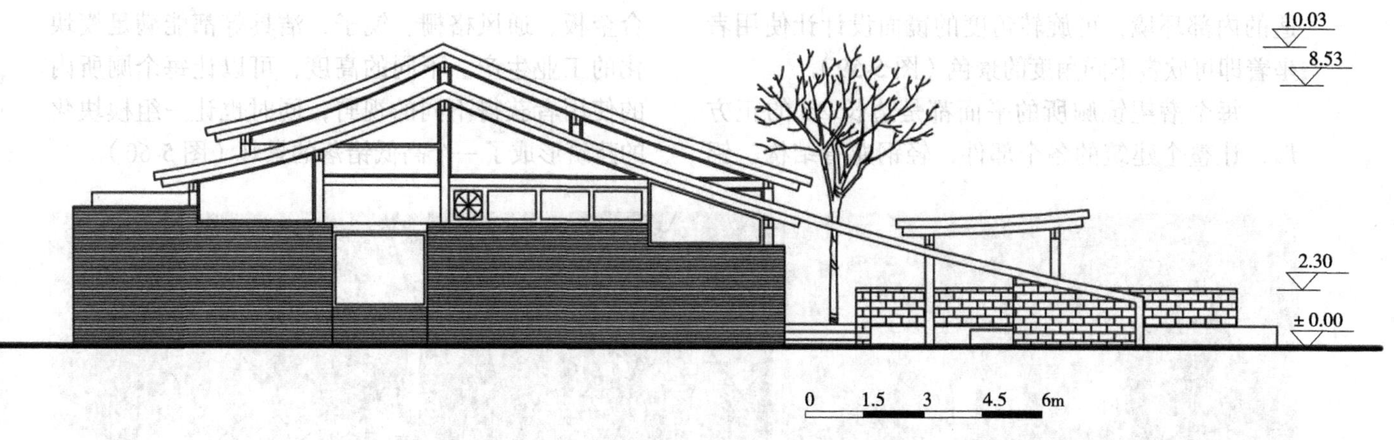

图5-55 西南立面图

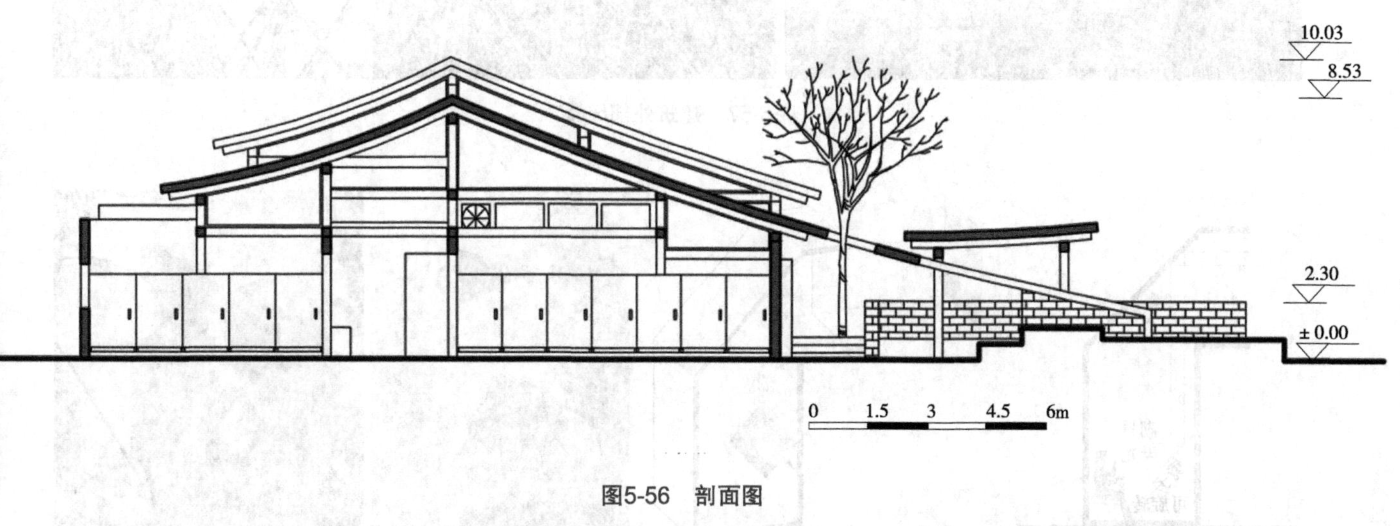

图5-56 剖面图

5.8 案例：浙江嘉兴银杏天鹅湖景区潜望镜公共厕所

5.8.1 设计概况

位置：中国，浙江，嘉兴市；
建筑面积：4m²/ 个。

5.8.2 设计思想

该公共厕所坐落于中国嘉兴市秀洲区银杏天鹅湖景区，一个生态与自然和谐共生、智慧与科技共存、艺术与人文相互交融的未来生活体验区（图 5-57）。

设计者希望在景区的公共厕所中，使用者更能享受独处的时间和空间。在建筑的物理空间内解决开放性与私密性之间的矛盾：在风景优美的湖畔上厕所，可迎着湖面的微风欣赏美景（图 5-58）。

潜望镜的设计拓展了空间的物理边界，人在这样一个容器之中，嗅觉、触觉的感官都被放大，藏在镜子下面的通风格栅与顶部的通风孔形成空气的对流，能够在保证私密性的前提下提供更舒适的内部环境，可旋转角度的镜面设计让使用者坐着即可欣赏不同角度的景色（图 5-59）。

每个潜望镜厕所的平面都是边长 2m 的正方形，让整个建筑的各个部件，轻钢龙骨结构、铝合金板、通风格栅、镜子、洁具等都能满足模块化的工业生产。不同的高度，可以让每个厕所内的使用者获得不同的视野，同时也让一组模块化的建筑形成了一个高低错落的景观（图 5-60）。

图5-57　建筑外部风景

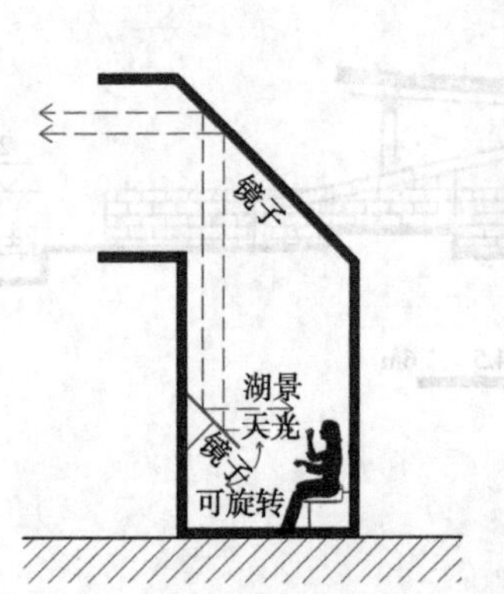

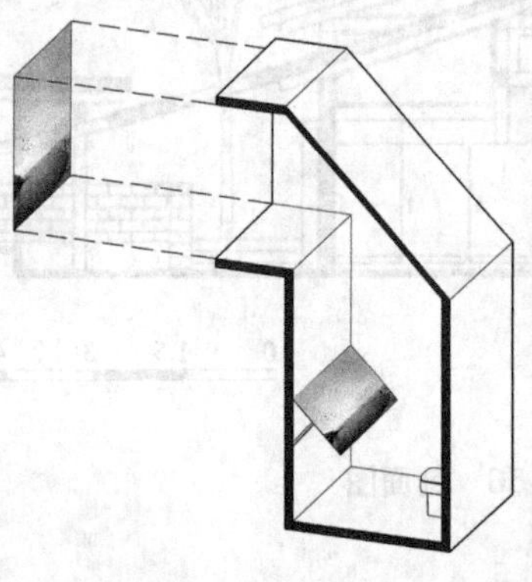

图5-58　潜望镜成像原理

图5-59　建筑空间

图5-60　建筑部件

5.8.3　设计图纸

具体如图 5-61 至图 5-63 所示。

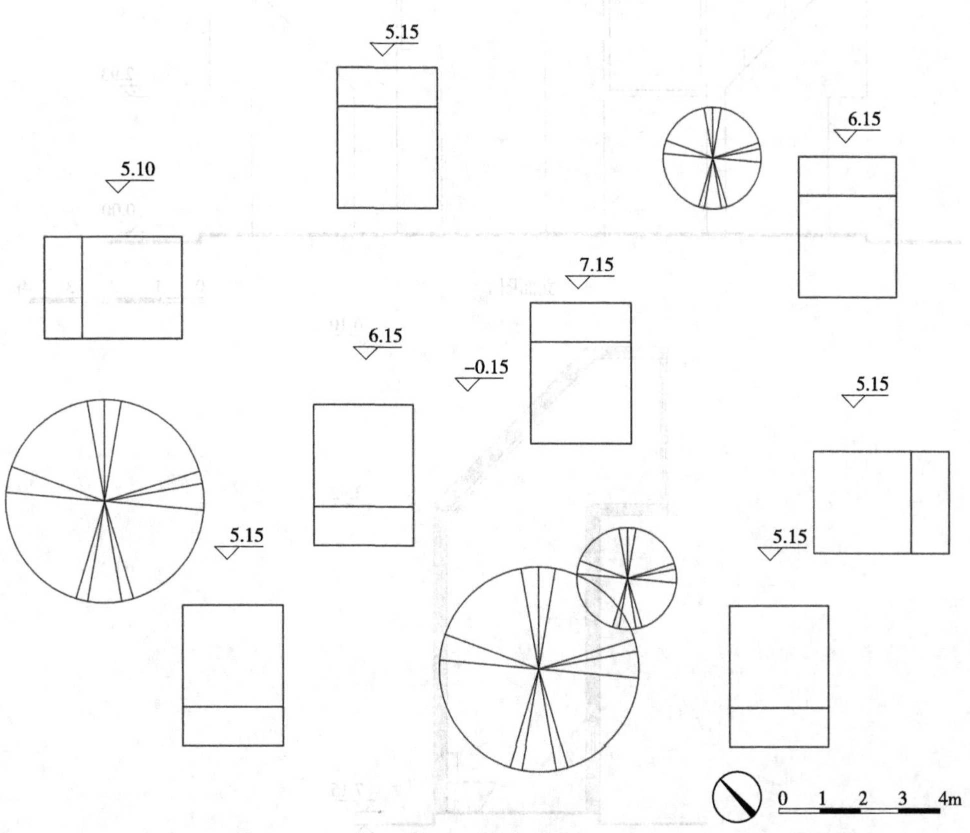

图5-61　总平面图

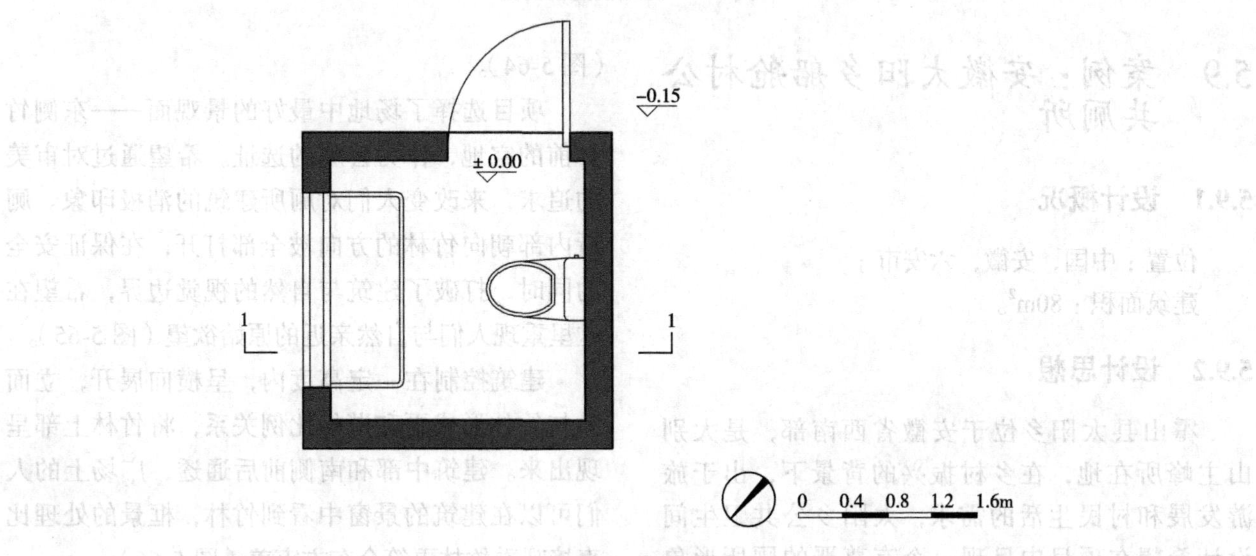

图5-62　平面图

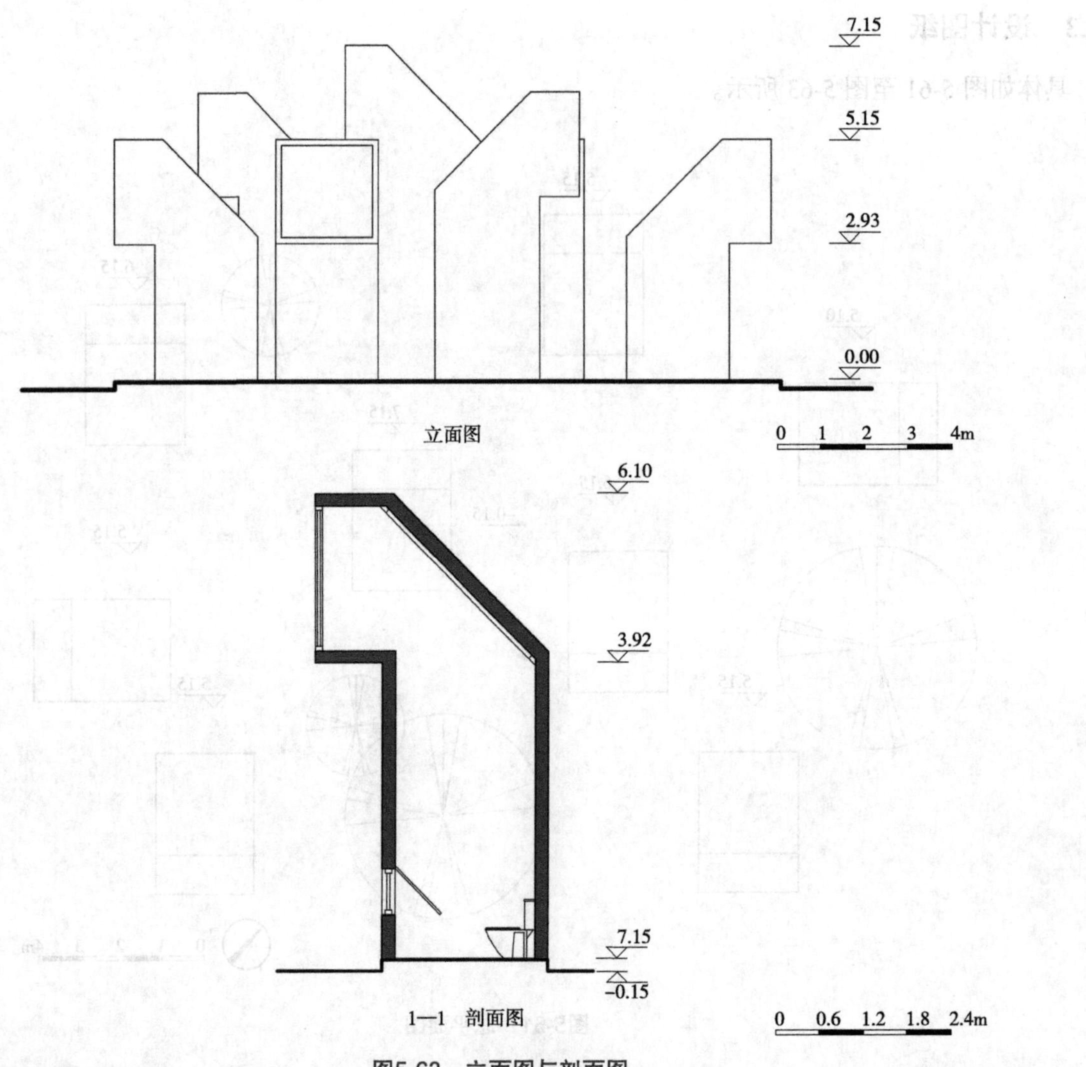

图5-63 立面图与剖面图

5.9 案例：安徽太阳乡船舱村公共厕所

5.9.1 设计概况

位置：中国，安徽，六安市；

建筑面积：80m²。

5.9.2 设计思想

霍山县太阳乡位于安徽省西南部，是大别山主峰所在地，在乡村振兴的背景下，出于旅游发展和村民生活的需求，太阳乡公共卫生间设计希望在项目中呈现一个有尊严的厕所形象（图 5-64）。

项目选择了场地中最好的景观面——东侧竹林前的空地，作为公厕的选址。希望通过对审美的追求，来改变人们对厕所建筑的消极印象。厕所内部朝向竹林的方向被全部打开，在保证安全的同时，打破了建筑与自然的视觉边界，希望在这里重现人们与自然亲近的原始欲望（图 5-65）。

建筑控制在一定高度内，呈横向展开，立面上与竹林形成更和谐的比例关系，将竹林上部呈现出来。建筑中部和南侧前后通透，广场上的人们可以在建筑的景窗中看到竹林，框景的处理比直接观看竹林更符合东方审美（图 5-66）。

图5-64　建筑整体效果

图5-65　内部面向竹林打开

图5-66　框景

建筑墙体为清水红砖，屋面采用木结构屋架和透明玻璃钢瓦。连续重复的木结构屋面，能够实现低成本快速加工。抬高的木架在屋面与墙体之间形成通透结构，满足了厕所自然通风的需求。屋面采用玻璃钢瓦覆盖，使建筑内部获得了充足的自然光线（图 5-67）。

红砖、木材、玻璃钢瓦，均是当地村民在生活中常用的建筑材料，也都是构成中国当代乡村的元素。这些材料的合理组合，呈现出功能合理、环境友好的建筑，在乡村建造中具有很好的示范意义和推广价值。

由于功能单一，空间消极，传统公厕并没有因为高人流量而产生更多活力，其公共空间的属性长时间被忽视。太阳乡公共厕所的选址使得这里拥有更高的使用频率；建筑的形象使之成为小型地标而集聚人群；内部空间设计也为人们的交流停留提供了更多的机会。洗手池设置在男、女厕中央，两侧可以对向使用，而不是传统厕所中并排站立的关系（图 5-68）；南侧设计了可以看到竹林的座椅，为使用的人提供了短暂停留或者与他人交谈的舒适空间（图 5-69）。

图5-67　通风和采光

图5-68　对向使用的洗手池

图5-69　可观竹林的座椅

5.9.3　设计图纸

具体如图 5-70 至图 5-73 所示。

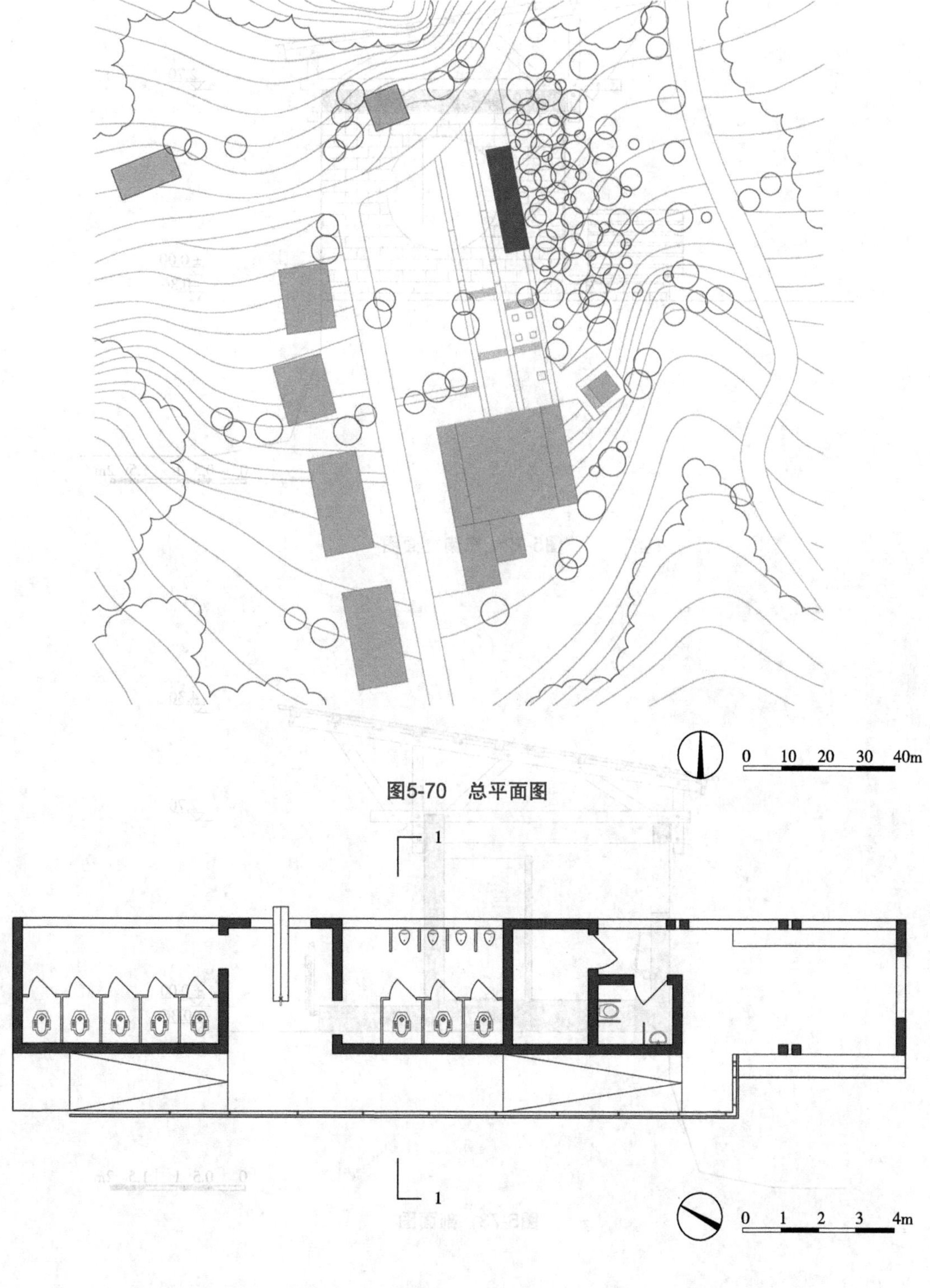

图5-70　总平面图

图5-71　平面图

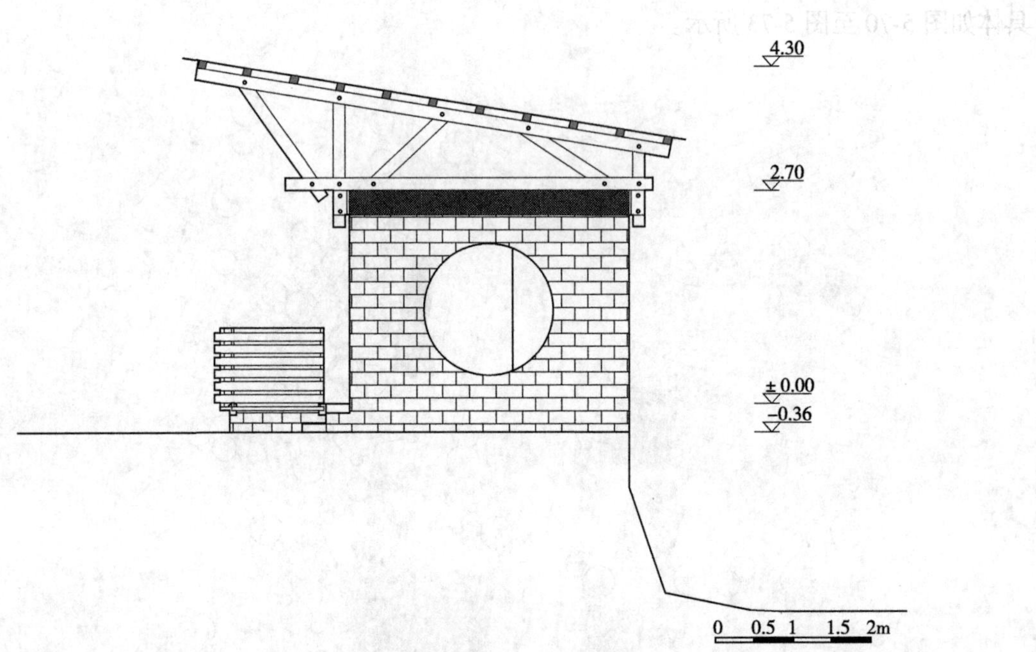

图5-72　东南立面图

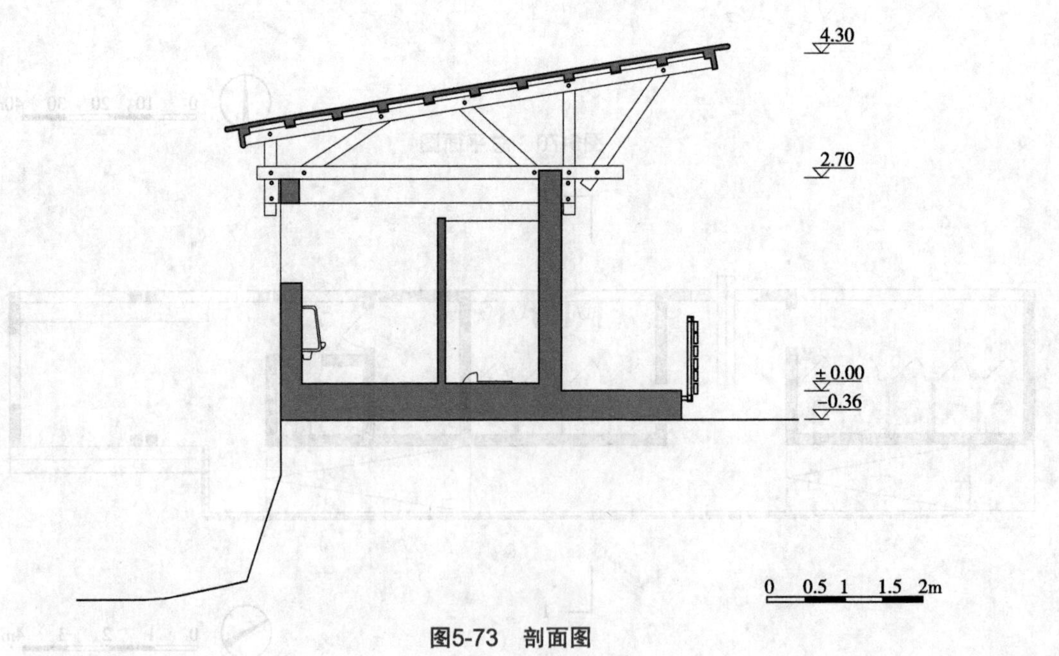

图5-73　剖面图

5.10　案例：北京国际雕塑公园公共厕所

5.10.1　设计概况

位置：中国，北京市；

建筑面积：220m²。

5.10.2　设计思想

项目位于北京国际雕塑公园。由于公园被一条城市道路分割，规划师预留了下沉广场穿路而过，串联东西两园。游人沿坡地折返而下，穿越地道，由此园到达彼园，落差的变化给原本枯燥的平地公园带来一种自然山谷的“洞天”体验。从东园的下沉广场爬升至西园地面，不远处可见一山体，山下设置静水广场供游人踩水嬉戏。建筑师抓住这一地形变化，计划在土山脚下嵌入一段凸显山林意趣的“洞天”空间，于是一处自然与城市对话的公共厕所应运而生。

公共厕所建筑表皮采用清水混凝土饰面，浑然天成，外观如土中开窍之顽石，室内则光影瞬息多变，发人园林湖山之想（图5-74）。

土中之屋拟创造出一种如江南园林般外观拙朴、内观丰富的建筑空间（图5-75）。步入门厅，正面可见洗手台，台面上方悬挂镜面，镜上有一凹龛，自然光由此折射而入，隐约感受天光四时变化。右转穿过过道，可见镜面不锈钢墙面与屋顶天光互相映射。墙面布置如厕标识，男女卫生间入口隐于左右墙后，偶见人出而不见门洞，强调其私密属性。内部建筑以弧面顶棚中分男、女厕两部分，内墙上部饰以仿清水混凝土涂料，下部贴黑色陶瓷锦砖，外墙高处设磨砂玻璃窗引入柔化的自然光线，整体空间如庇荫于巨大亭盖之下，气氛柔和、静谧（图5-76）。

图5-74　建筑外观

图5-75　建筑内部

图5-76　建筑光线

5.10.3　设计图纸

具体如图 5-77 至图 5-80 所示。

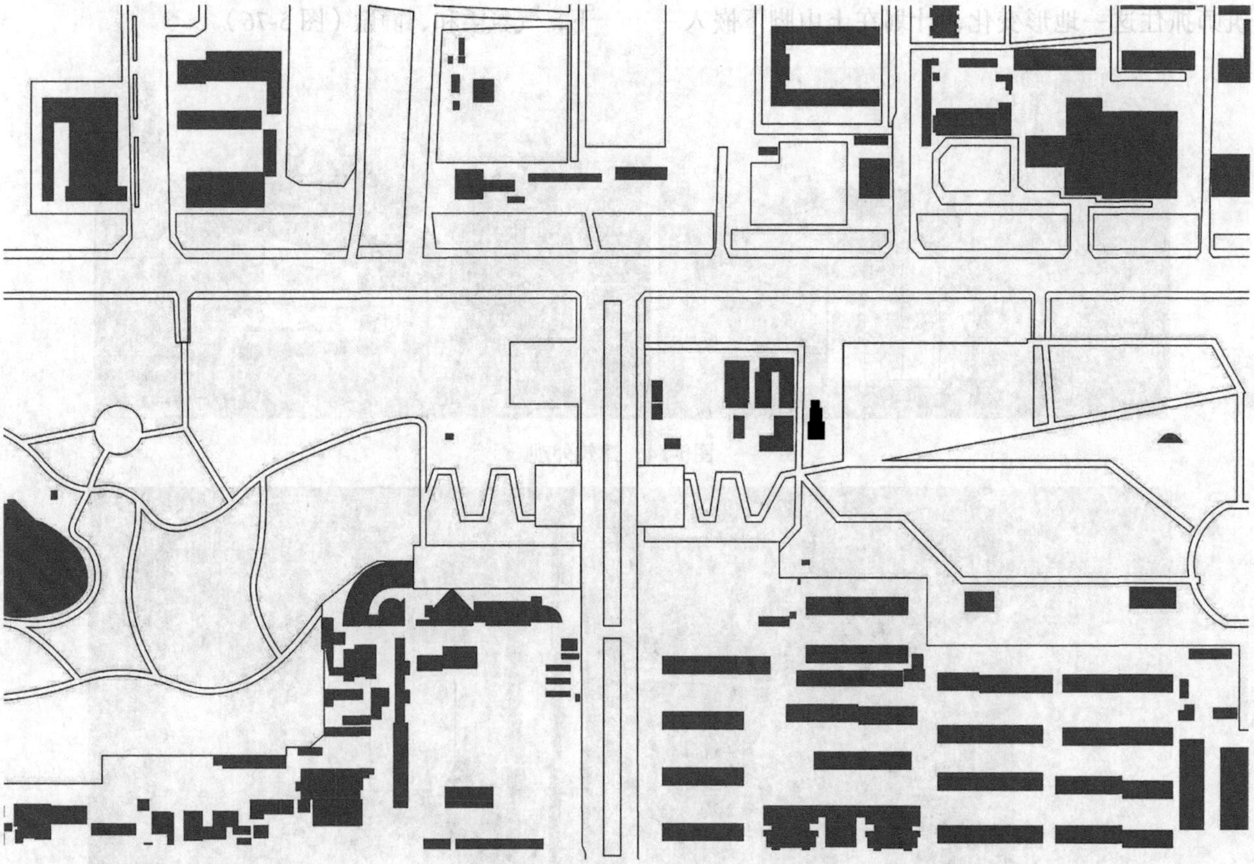

图5-77　总平面图

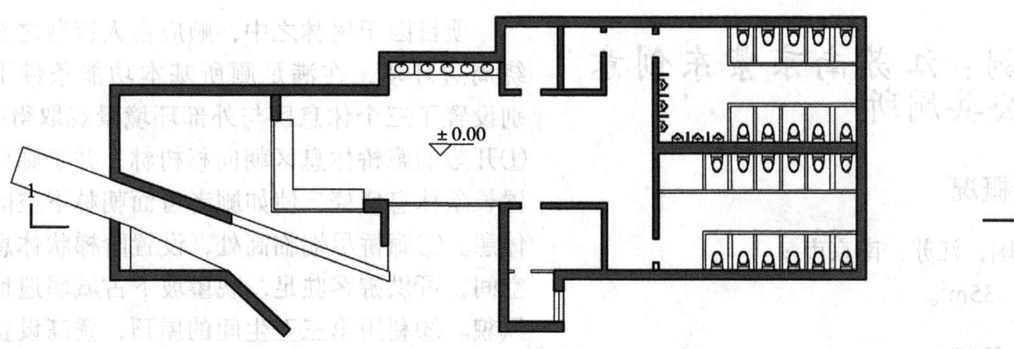

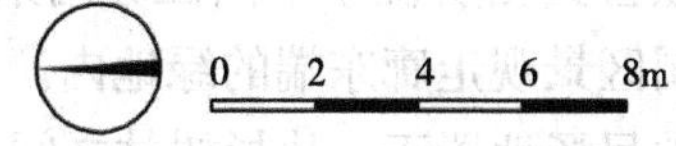

图5-78　平面图

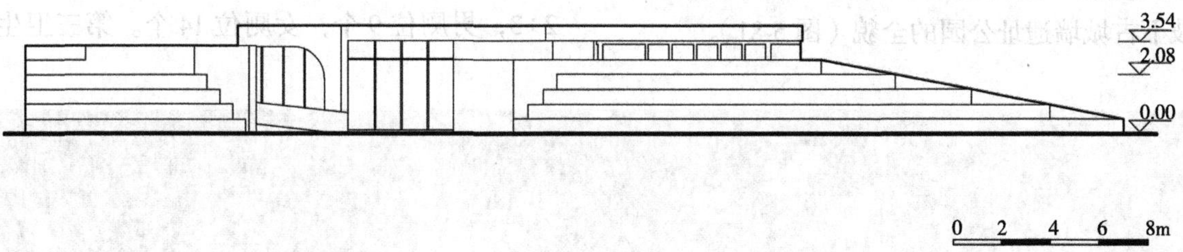

图5-79　西立面图

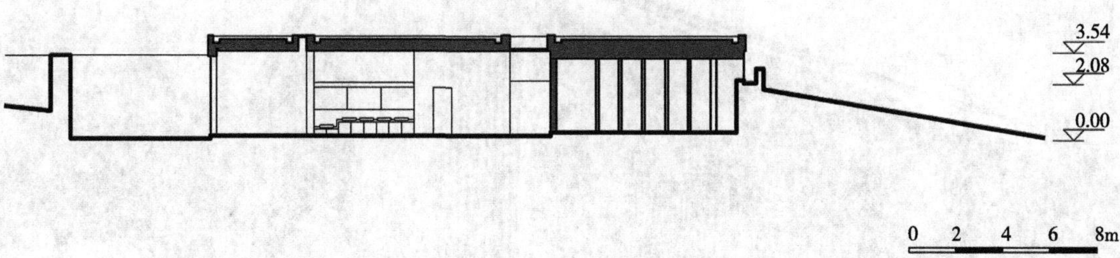

图5-80　1—1剖面图

5.11 案例：江苏南京紫东创意园公共厕所

5.11.1 设计概况

位置：中国，江苏，南京市；

面积：约 335m^2。

5.11.2 设计思想

该公共厕所位于中国江苏南京紫东创意园内，地处园区景观走廊东端的绿地内。

项目场地置于一片杉树林之间，地势略低于周边地形。建筑以长方体体块呈廊桥形态，横跨于游步道之上，将园中休憩小广场与杉树林连为一体。建筑于跨越漫步道处设置了观景平台，平台上可鸟瞰坡下古城墙遗址公园的全貌（图 5-81）。

项目因于树林之中，顺应古人遮蔽之意。围绕周边环境，在满足厕所基本功能条件下，分别设置了三个休息区与外部环境景观取得关联：①开敞的廊桥休息区朝向杉树林，并于廊桥内设置长条休息座椅，使如厕者可面朝林下空间静坐休憩。②廊桥尽端临高处，设置阶梯状休息冥想空间，可供游客驻足，观望坡下古城墙遗址景观风貌。③利用第三卫生间的屋顶，登高设置一处休息区，游人于此林荫下与杉树近距离接触，轻松畅意（图 5-82、图 5-83）。

建筑结构采用胶合竹构件加钢节点形式的钢竹装配式结构，其特点是工业化程度高、施工快速，材料环保生态，现场施工污染小。

该公厕按照一类标准设计，设置男女独立卫生间、第三卫生间、管理间、工具间。男女厕位比约 2∶3，男厕位 9 个，女厕位 14 个。第三卫生间内，

图5-81 公厕外部冬季效果

将残障人厕位、儿童厕位以及母婴室进行相对独立的划分，尽可能地保护如厕者的隐私。同时男、女卫生间内分别设置了老人厕位，每个厕位均配备了应急呼叫按钮，安全设施较有保障。故而此处既是一处出设施较为完备的公共厕所，也是一处环境优美、轻松惬意的景观（图 5-84、图 5-85）。

图5-82　梯状休息冥想空间

图5-83　与外部树林近距离接触

图5-84　第三卫生间内安全设施

图5-85　入口外部效果

5.11.3 设计图纸

具体如图 5-86 至图 5-89 所示。

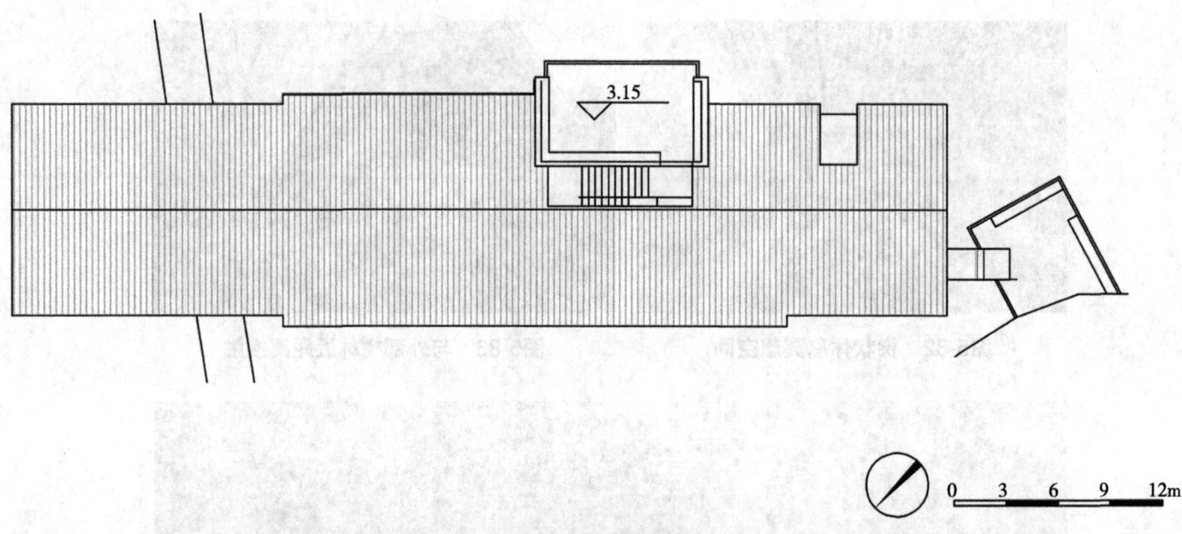

图5-86　总平面图

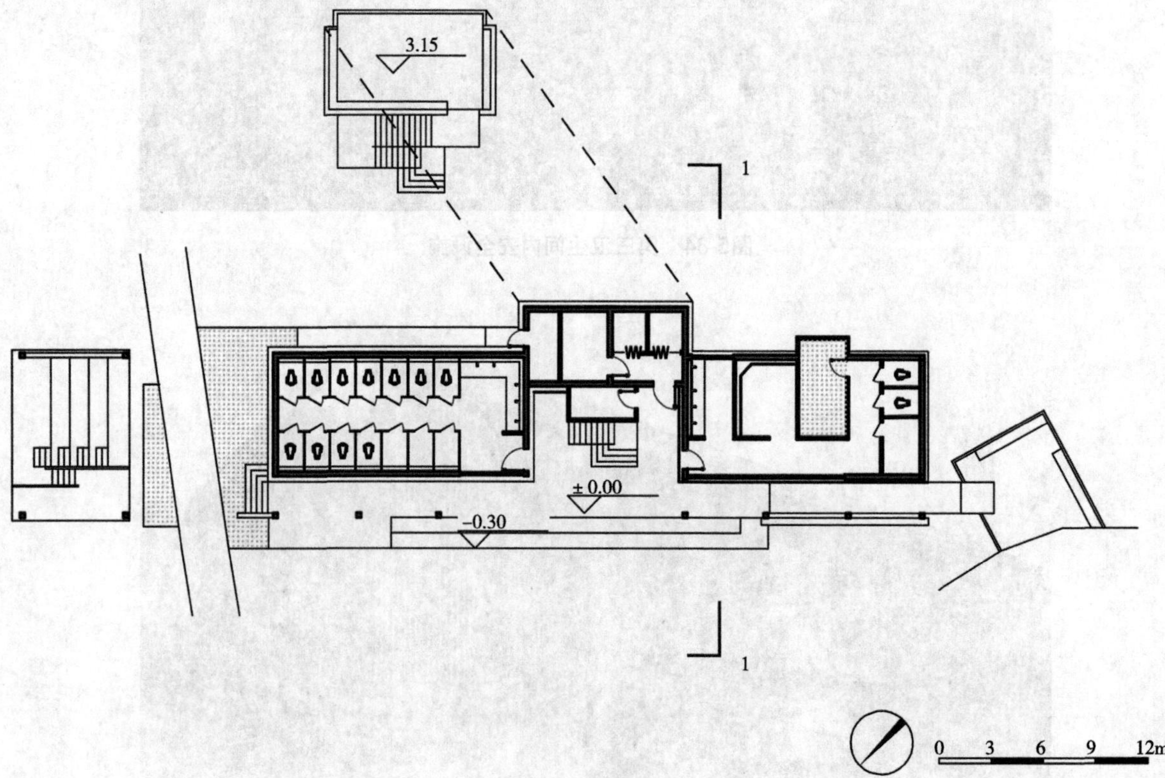

图5-87　平面图

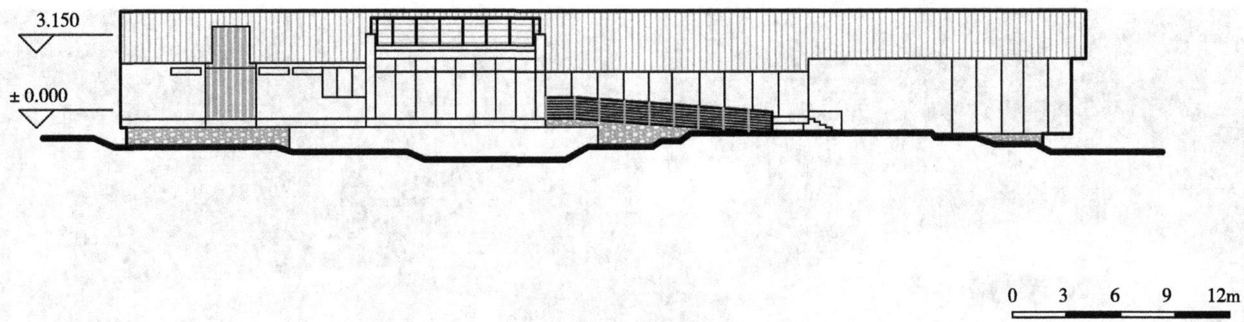

图5-88　东南立面图

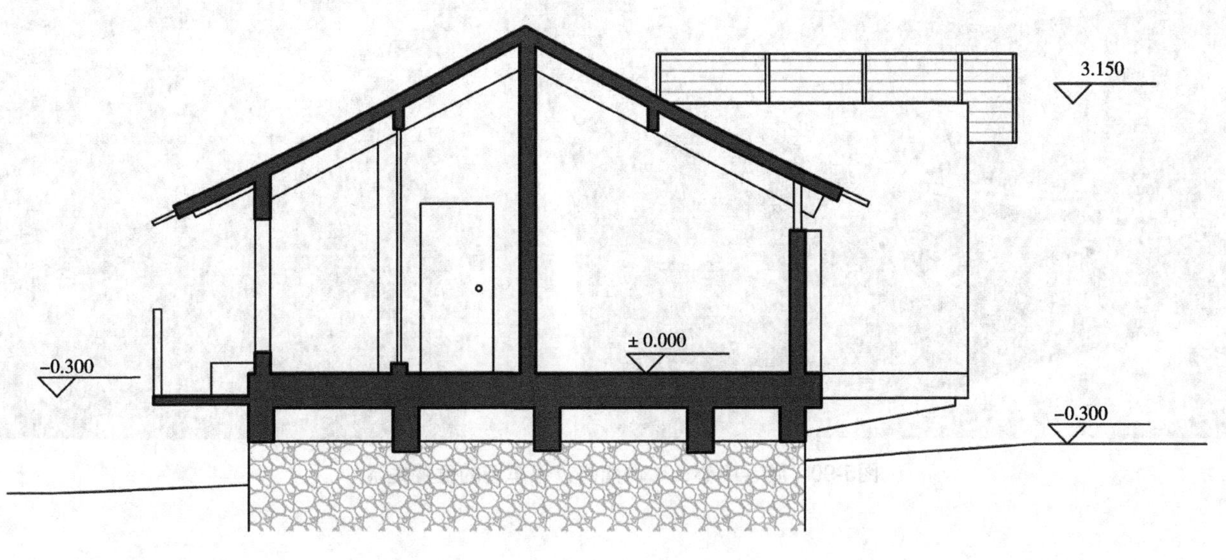

图5-89　1—1剖面图

5.12　案例：南京无想山入口停车场公共厕所设计

5.12.1　设计概况

位置：中国，江苏，南京市；

建筑面积：296m²。

5.12.2　项目背景

南京市溧水区在全力推进全域旅游的发展过程中，将无想山国家森林公园作为溧水文旅结合、创建全域旅游的标兵，逐步打造“天生溧水、自然无想”的品牌形象。为推进旅游服务基地的服务品质，在现有旅游服务中心的基础上对其入口区进行景观提升。本项目便是这一工程中的配套服务设施，拟定建设标准是 AA 级旅游公共厕所。

停车落客位于“问”景观片区的北侧，游客中心西侧，紧邻珍珠南路（图 5-90）。改造后共设置停车位 302 个（原 212 个），并实行智能停车管理，停车分区以优化动线，并配套建设公共厕所。

图5-90　游客中心、珍珠南路、停车场的位置关系

5.12.3　设计思想

无想山景区是国家级森林公园，属于低山丘陵地貌，其景区内部丘陵岗地有无想山、平安山、顶公山、石头山、白虎山、秋湖山、馒头山等十多个山峰。登山俯瞰入口区，巨大圆环状的无想山游客中心十分醒目，西侧停车区规模较大（图 5-91）。基于如此的场地条件，设计时有以下几方面的思考：

（1）形式的提取

在场地整体空间特征下，游客中心无疑是体量核心，公共厕所与其无法相比。公共厕所如采用与游客中心统一的圆形、方形布局，均会因体量差异过大而导致空间失衡。如采用与其反差较大的三角形、楔形等布局，同样会因体量差异过大而无法构建对比之美。因此，方案采用了求同存异的思路，以圆形为母本，以相近的八边形形态为基准，经过旋转、绽放的处理，以发散的整合姿态与原环境取得统一（图 5-92）。

（2）文化的提取

无想山人文资源以佛教遗迹、名人轶事为特色，为突出“问”无想、探佛心的文化核心，设计提炼出无想无不想、无“象”无不“象”的文化内核，并以庭院空间及无想之树予以具象化表现。空间布局以八边环状围合结构比拟求同存异、内有乾坤的形态，同时于内部设置一处无想之想的树空间，以彰显文化内涵。树空间的围合由透明的钢化玻璃按由下到上渐进式的不均匀阵列格栅化磨砂处理比拟无想之树，如此在真实的树、抽象的无想树之间构建了有和无的思考，思考它是否真实存在，“无想才知无想乐，禅思方悟禅思苦”（图 5-93）。

图5-91　由山顶俯视无想山森林公园入口区，圆环状建筑为游客服务中心

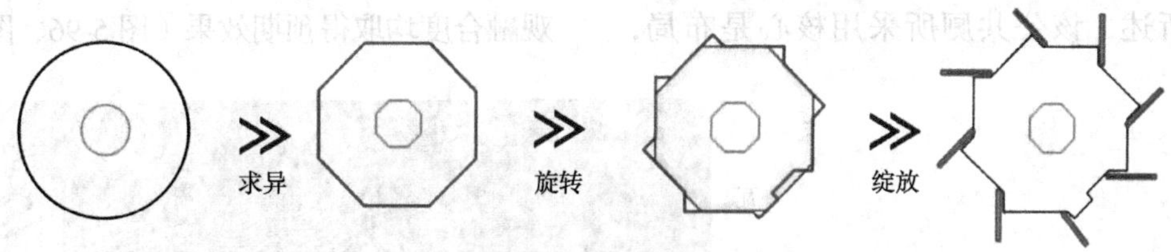

图5-92　求同存异的布局形态

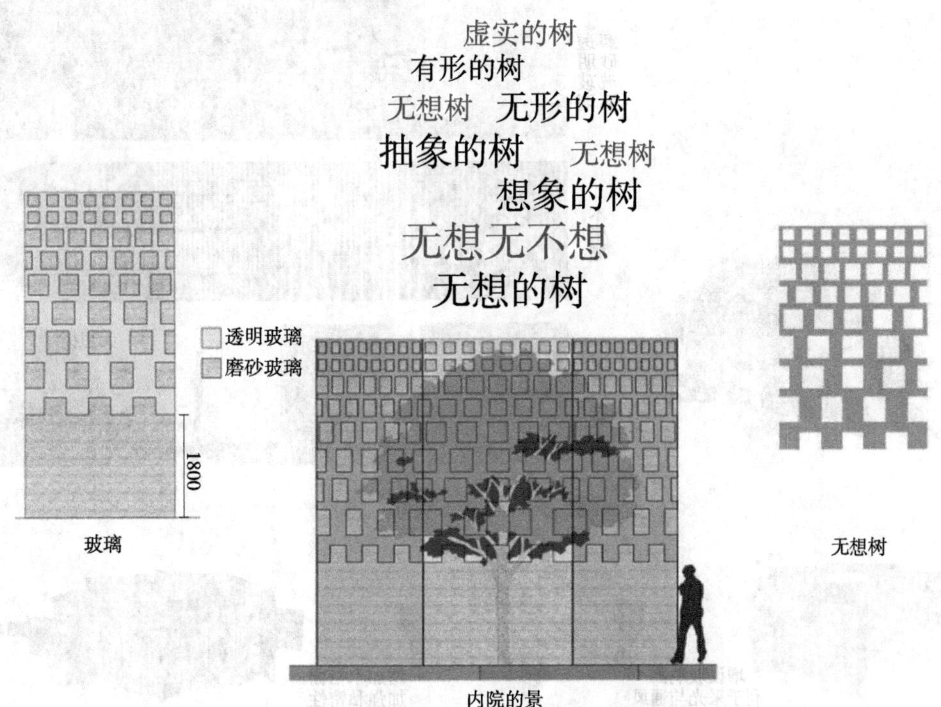

图5-93　中心处庭院树木与钢化玻璃之间的想与无想

建筑材料以纯净的清水混凝土、钢化玻璃及木本色防腐木格栅为主，突出纯净的文化质感（图 5-94）。因出入口邻近外部交通，故与外围交通采取的是尽端式布局。中心庭院白天自然光可通过天井照亮内部空间，夜晚内部灯光透过无想之树投射入星空。整个建筑的通风处理上，于展开的八片墙面之间的错位夹角处开启通高的窗户，窗户开启扇设于底部以引导室外冷空气流入。同时外部顺墙方向分别增设 1.5~2.4m 不同高度的格栅，既可引导风向强化气流，又可遮挡视线提升私密性。内部设置庭院以起到拔风井的作用，同时在其钢化玻璃的围护结构处理上，在最上面两层磨砂格栅之间开设 200mm × 200mm 的洞口，以导出室内热空气。如此，便借用风压和热压的强化效果优化了建筑自然通风的效率（图 5-95）。

如前文所述，该公共厕所采用核心是布局，平面上呈正八边形旋转绽放形态。8 个“瓣”区内含有 1 个第三卫生间区、2 个男卫功能区、3 个女卫功能区、1 间管理用房以及 1 处工具间。各个空间以串接形式围绕中心庭院展开，男女卫内部采用放射式布局，各功能区彼此贯通。为了提升厕所使用舒适感与加强环境生态保护，厕所配有智能设施和生态处理设备。当有人进入厕所后，门上的显示屏会自动显示内部有人，如厕信息一目了然。公厕内的第三卫生间内设有婴儿护理台，方便妈妈们的多功能使用。同时，为实现生态公共厕所的能源自循，在地下建造了一个 24m^3 的污水处理池，通过生物降解法处理污水，处理后可达国家一级 A 的排放标准，直接做中水使用。生物降解留下的少量固体废物，则定期安排工人清运。公共厕所投入使用后，使用方便程度、与环境的景观融合度均取得预期效果（图 5-96、图 5-97）。

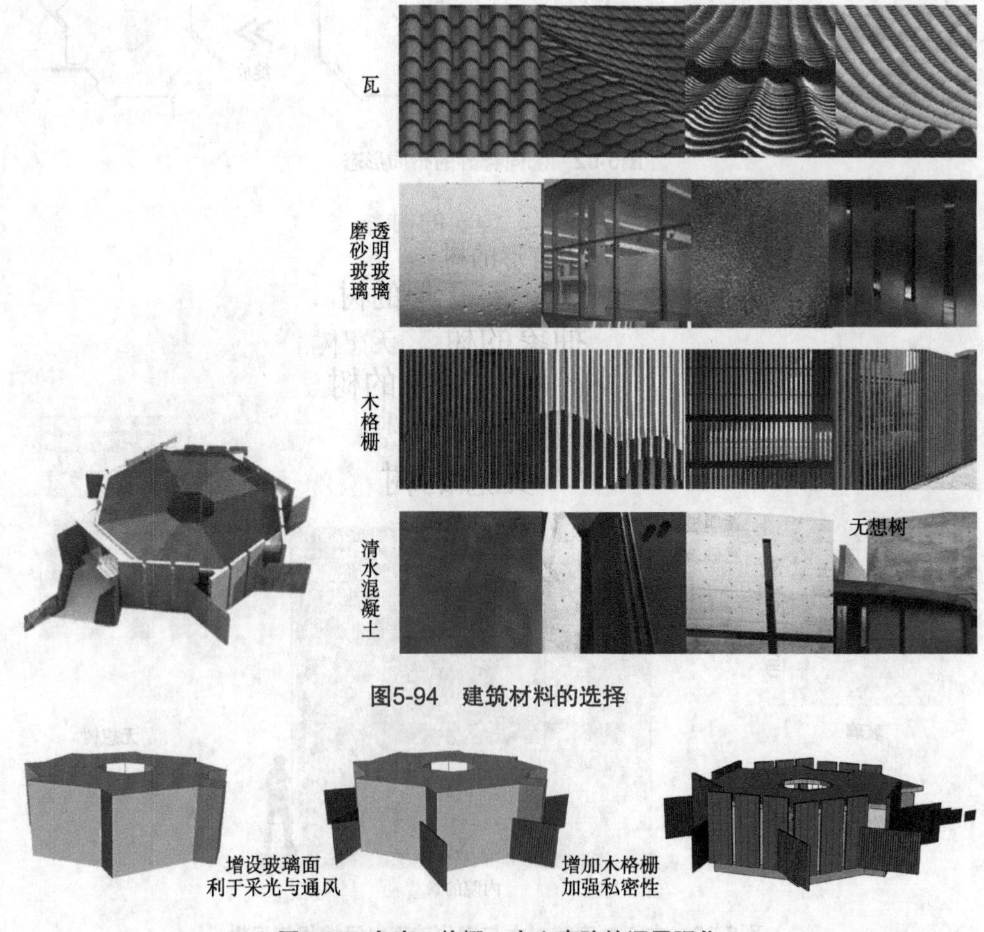

图5-94　建筑材料的选择

图5-95　角窗、格栅、中心庭院的通风强化

图5-96　建筑自然通风及外部交通的组织

图5-97　建筑整体效果

5.12.4　设计图纸

具体如图 5-98 至图 5-101 所示。

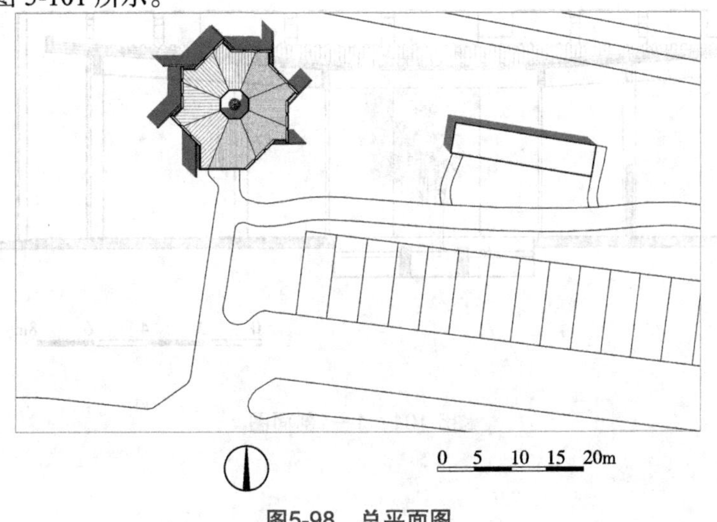

图5-98　总平面图

图5-99　平面图

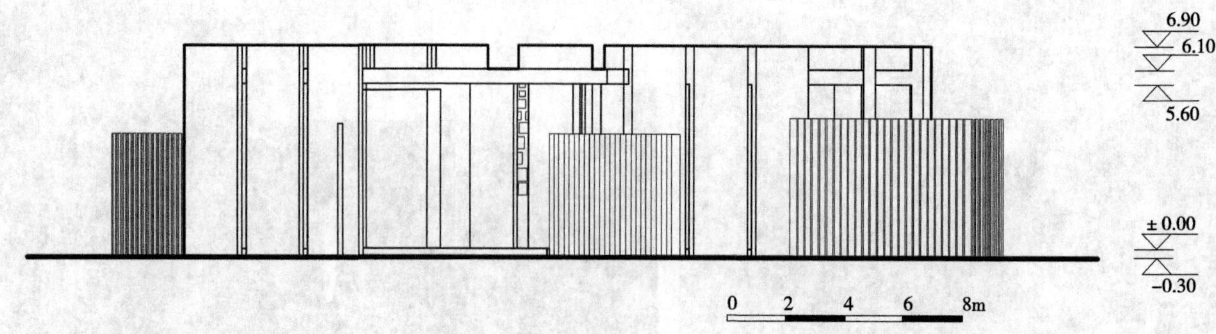

图5-100 南立面图

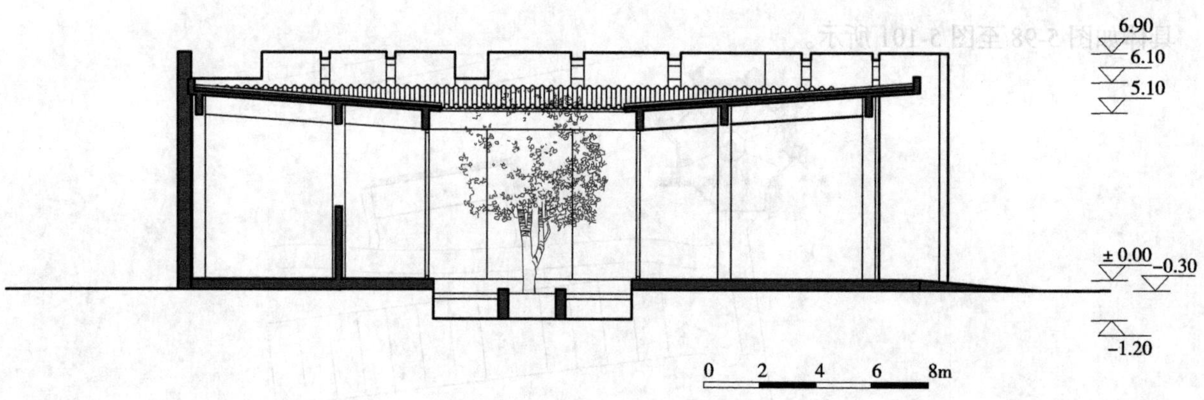

图5-101 1—1剖面图

参考文献

(汉)班固.汉书[M].北京:中华书局,2012.
(美)克里斯托弗·亚历山大.建筑模式语言[M].王听度,周序鸣,译.北京:知识产权出版社,2012.
(美)谢克尔.大师的建筑小品:户外厕所[M].郝笑丛,译.北京:清华大学出版社,2011.
(美)茱莉·霍兰.厕神:厕所的文明史[M].许世鹏,译.上海:上海人民出版社,2018.
(日)坂本菜子.世界公共厕所集锦[M].赵丽,译.北京:科学出版社,2002.
(日)坂本菜子.图解洗手间设计与维护[M].乔春生,张培军,译.北京:科学出版社,2001.
(日)键山秀三郎.扫除道[M].陈晓丽,译.北京:企业管理出版社,2018.
(日)芦原义信.外部空间设计[M].尹培桐,译.北京:中国建筑工业出版社,1985.
(日)妹尾河童.窥视厕所[M].林皎碧,蔡明玲,译.上海:生活·读书·新知三联书店,2011.
(英)克莱拉·葛利德.全方位城市设计——公共厕所[M].屈鸣,王文革,译.北京:机械工业出版社,2005.
常乐.基于不同绿化布局模式的居住小区室外热环境研究[D].西安:西安工程大学,2019.
陈润东.智能型生态厕所的绿色研究和开发[D].淮南:安徽理工大学,2012.
冯肃伟,章益国,张东苏.厕所文化漫论[M].上海:同济大学出版社,2005.
建筑设计资料集编委会.建筑设计资料集[M].3版.北京:中国建筑工业出版社,2017.
江璇.风景旅游区旅游厕所规划与设计研究[D].成都:西南交通大学,2017.
郎碧铮.基于使用者视角的南京城市公园独立式公共卫生间布局与数量合理性研究[D].南京:南京林业大学,2020.
黎志涛.建筑设计方法[M].北京:中国建筑工业出版社,2010.
李沅芳.融入地景的独立式公共卫生间设计研究[D].长沙:湖南大学,2015.
林宪德.绿色建筑——生态·节能·减废·健康[M].北京:中国建筑工业出版社,2011.
刘英,刘旭,注释.庄子[M].北京:中国社会科学出版社,2004.
刘云月.公共建筑设计原理[M].南京:东南大学出版社,2004.
罗斯:乔治.厕所决定健康——粪便、公共卫生与人类世界[M].吴文忠,李丹莉,译.北京:中信出版社,2009.
戚继光.练兵实纪[M].北京:中华书局,2001.
尚秉和.历代社会风俗事物考[M].北京:中国书店,2001.
施耐庵.水浒传[M].北京:中国文学出版社,1990.
宿青平.大国厕梦[M].北京:中国经济出版社,2013.
万景路.你不知道的日本[M].北京:九州出版社,2016.
王伯城.城市公共厕所建筑设计研究[D].西安:西安建筑科技大学,2006.
吴承恩.西游记[M].北京:人民文学出版社,1990.
吴国栋,韩冬青.公共建筑空间设计中自然通风的风热协同效应及运用[J].建筑学报,2020(9):67-72.
尹定邦.设计学概论[M].长沙:湖南科学技术出版社,2000.
于春露.基于建筑现象学的城市公共卫生间设计研究[D].长沙:中南大学,2013.

原林，王宏哲，盛连喜．生态卫生系统的开发与应用：浅谈生态厕所的发展 [J]. 中国资源综合利用，2007（2）：30-33.
赵晓光．民用建筑场地设计 [M]. 北京：中国建筑工业出版社，2004.
周俊．问卷数据分析——破解 SPSS 的六类分析思路 [M]. 北京：电子工业出版社，2017.
周俊黎．城市山地公园公共厕所规划设计研究 [D]. 重庆：西南大学，2015.
周连春．雪隐寻踪：厕所的历史、经济、风俗 [M]. 合肥：安徽人民出版社，2004.
周帅倩．"城市公园 +" 建设策略与路径研究——以南京为例 [J]. 住宅与房地产，2019(28)：42, 49.
周星，周超．"厕所革命" 在中国的缘起、现状与言说 [J]. 中原文化研究，2018（1）：22-31.
周旭梁，崔愷，王薇．印象杭州——中国杭帮菜博物馆 [J]. 建筑学报，2013(2)：1-3.
周燕，梅小乐，杜兵．国内外生态厕所类型分析及其应用研究 [J]. 北方环境，2013(6)：21-25.
朱嘉明．中国：需要厕所革命 [M]. 上海：生活 · 读书 · 新知三联书店上海分店，1988.

设计规范

《环境卫生设施设置标准》（CJJ 27—2012）
《公共厕所卫生规范》（GB/T 17217—2021）
《城市公共厕所设计标准》（CJJ 14—2016）
《公园设计规范》（GB 51192—2016）
《城市环境卫生设施规划规范》（GB 50337—2018）
《城市独立式公共厕所标准图集》（07J920）
《公园设计规范》（GB 51192—2016）
《旅游厕所质量等级的划分与评定》（GBT 18973—2016）
《无障碍设计规范》（GB 50763—2012）
《公共信息导向系统导向要素的设计原则与要求 第 1 部分：总则》（GB/T 20501.1—2013）

附录　课程设计任务书

（训练课时：16课时）

1. 设计要求

为提升旅游服务品质，缓解公共如厕服务之不足，拟于近期新建一批独立式旅游公共厕所。现面向设计人士征集一批旅游独立式公共厕所建筑方案，以备选用。公共厕所设计应符合《城市公共厕所设计标准》（CJJ 14—2016），厕所设置应将大便间、小便间和盥洗室分室设置，厕所进门处应设置男女通道，注意私密性。大便器以蹲位为主，并设置一定比例的坐便器方便不同人群的使用。功能与平面布局可参考《国家建筑标准设计图集城市独立式公共厕所》（07J920）。

同时可结合选定位置（教师指定）周边条件，以小组形式进行如厕需求调查，在以下设计指标基础上适当增补，以完善如厕体验。小组调查成果以如厕调查报告形式完成。

2. 技术指标

建筑为一层，风格不限，自然通风为主。须满足无障碍通用设计要求，总建筑面积 120~180m^2，具体指标明细如下：

（1）男卫生间1间，面积30~50m^2

含：蹲位3个、坐便器1个、无障碍厕位1个；小便斗5个、儿童小便斗1个（或同等使用条件的小便槽）；洗手盆3个（可放于公共盥洗区）。

（2）女卫生间1间，面积40~70m^2

含：蹲位10个、无障碍厕位1个、坐便器4个；洗手盆3个（可放于公共盥洗区）。

（3）第三卫生间1间，面积6~8m^2

含：配备无障碍安全防护设施的小便斗1个、坐便器1个；洗手盆 1 个；儿童整理台1个；放物台1个。

（4）管理用房1间，面积6~8m^2

（5）休息等候间1间6~8m^2，可以结合门厅布置

（6）清洁间1间

其余空间可依据需求调查自行设置。

3. 成果要求

（1）如厕需求调查报告

以5~8人为一组，围绕周边如厕需求展开调查。报告内容须含有周边土地使用性质、周边人群结构组成、周边人群对公共厕所需求等方面的调查与访谈。分析出潜在的如厕需求以及现存的如厕问题与关注热点，为设计提供具体指导意见。成果以调查报告形式完成，字数不少于3000字，具体分析须有图表。

（2）图纸要求

①建筑总平面 1:500；

②平面图2个（一层、屋顶），主要立面图2个，主要剖面图1个，比例皆为1:100；

③建筑物的主要人视点透视图1张，表现形式不拘；

④其余需要表达的有设计说明，设计构思的形成和分析示意图，以及必要的室内透视图；

⑤图纸规格为A1，白色绘图纸，黑白表现（透视图除外），图纸线型等级不少于3种；

⑥每张图纸同一位置，须标明姓名、学号、指导教师的详细信息。

4. 课程总结

每位学生针对自己在设计训练中的不同阶段，所取得的学习收获与疑难反馈进行系统总结与反思，以领会需求设计、空间设计、功能设计的不同价值及彼此的关联性，并从中掌握设计实践的专业技能。

总结报告字数不少于300字，以Word文档呈现，须以分析图纸辅助说明。

5. 评分标准

（1）成绩构成

总成绩（100%）=如厕需求调查报告（20%）+课程设计（70%）+课程总结（10%）

（2）评分标准

①如厕需求调查报告：要求符合科学论文撰写规范，分析论证逻辑清晰，结论明确，并明确提出对设计指标的增补内容。

②课程设计：

设计立意（20%），考察需求调查、环境条件与构思的契合度和创新性；

建筑造型与空间（40%），考察设计的建筑和空间美学的美观度和创造力；

建筑技术条件完成度（20%），考察采光、通风、私密性等要求的完成度；

图纸规范性（20%），考察平、立、剖面图纸规范性和专业表达深度。

③课程总结报告：要求词语言简意赅，主要阐述各自的切身体会及对具体设计过程的反思，并对过程中所需具备的专业知识与技能有明确的认知。